45°青年

时间岛◎编

图书在版编目（CIP）数据

45° 青年 / 时间岛编 . -- 长春 : 吉林文史出版社,
2025. 7. -- ISBN 978-7-5752-1407-0

Ⅰ. B848.4-49

中国国家版本馆 CIP 数据核字第 2025LV2815 号

45°青年

45° QINGNIAN

编　　者：时间岛
责任编辑：张涣钰
装帧设计：言　诺
出版发行：吉林文史出版社
电　　话：0431-81629352
地　　址：长春市福祉大路 5788 号
邮　　编：130117
网　　址：www.jlws.com.cn
印　　刷：三河市众誉天成印务有限公司
开　　本：710mm × 1000mm 1/16
印　　张：10
字　　数：53 千
版　　次：2025 年 7 月第 1 版
印　　次：2025 年 7 月第 1 次印刷
书　　号：ISBN 978-7-5752-1407-0
定　　价：59.80 元

前言

你是否常有这样的感受，看着别人在拼命竞争，自己也想奋起直追，可努力没几天就被疲惫感淹没，只想安于现状；可真让你安于现状时，又会被焦虑裹挟，担心被时代抛弃。在这种尴尬处境中，一种新的生活姿态正在年轻人中悄然流行——他们被称为“45° 青年”。

若将人生比作一场征程，曾经我们或许认为青春只有“会当凌绝顶，一览众山小”的激昂攀登，或是“采菊东篱下，悠然见南山”的彻底闲适。但现实让当代青年在两者之间寻得新的平衡——45° 的倾斜姿态。0° （180° ）象征安于现状，90° 代表极致，拼命竞争，而 45° 青年巧妙游走于两者之间，既非消极避世，也不盲目狂热，他们试图在快与慢、进与退间找寻生活的真谛。

在快节奏的现代社会中，年轻人面临着前所未有的压力与挑战。生活成本高昂、就业竞争激烈、职场竞争加剧，种种现实困境让他们在“拼命奋斗”和“安于现状”的选择中陷入迷茫。45° 青年的出现，正是对这种困境的理性回应。他们不再追求非此即彼的极端生活方式，而是选择以更灵活、更务实的态度面对生活：工作时秉持“千淘万漉虽辛苦，吹尽狂沙始到金”的专注，生活中保有“若无闲事挂心头，便是人间好时节”的豁达；有奋斗的目标，也有享受生活的智慧；不盲目跟风，也不消极放弃。

这本书将带你深入了解45° 青年的生存哲学与生活智慧。你会看到他们如何在社交媒体“精致生活”的滤镜下保持自我，又如何通过时间管理、技能提升、心态调整等方式，在 45° 的人生轨迹上稳步前行。

这不是一本教你“如何成功”的功利指南，而是一本理解当代青年生存状态的心灵图谱。无论你是在 45° 的摇摆中寻找方向，还是对这种生活姿态充满好奇，都希望这本书能让你在共鸣中获得慰藉，在思考中找到力量——毕竟，人生不是非黑即白的单选题，在 45° 的倾斜中，同样可以活出精彩与从容。

目录

第一章 你好，45°青年

第二章 工位即战场：以 45°突破职场困局

第三章 生活被绑架？你以为的快乐全是套路

第四章 从“我不行”到“我能选”：45°心态不是嘴上说说

第五章 45°生存战：可以不抢跑，但必须动起来

第六章 45°青年：保持 45°，走出上升曲线

第一章 你好，45° 青年

要找到属于自己的节奏，首先要对自己有清晰的认识。了解自己的兴趣爱好、优势和劣势，明确自己真正想要的是什么。可以通过自我反思、与他人交流、参加职业测评等方式来深入了解自己。在有了清晰的自我认知后，根据自己的实际情况制定合理的目标。目标不宜过高，以免因无法实现而产生挫败感；也不宜过低，否则无法激发自己的潜力。

45°青年图鉴：你是哪一种？

在各大社交媒体中，“45° 青年”这一新兴词语逐渐风靡，成为当代青年群体中的一种自我标签与身份认同。在用度数形容生活态度的体系中，0° （180° ）代表安于现状，不再追求进步，选择舒适悠闲的生活方式；90° 代表过度竞争，为了微小的利益或优势，不惜投入巨大的时间和精力，导致身心俱疲；而45° 的生活态度则介于两者之间，表示既不过度竞争，也不颓废懒散、安于现状，既保持适度的努力，又懂得适时放松和享受。“45° 青年”代表了在社会压力与个人理想之间挣扎与寻求平衡的年轻人。那么，在45° 青年的广阔图谱中，你是哪一种呢？

安于现状预备役：间歇性踌躇满志，持续性佛系人生

关键词：随性、偶尔挣扎

安于现状预备役是45° 青年中最常见的一种类型。他们

嘴上喊着“安于现状”，身体却很诚实，偶尔也会挣扎一下。比如，看到朋友圈有人晒出升职加薪的消息，他们会突然燃起斗志，立下目标：“从今天开始努力！”然而，这种热情通常只能维持三天，随后又回归不思进取的状态。他们的生活哲学是：“努力不一定成功，但不努力一定很轻松。”他们不会完全放弃奋斗，但也不会让自己太累。工作能完成就行，生活能过就好。他们的口头禅是：“差不多得了。”

【典型场景】

周一早上：今天一定要好好工作！

周二下午：算了，还是混日子吧。

周五晚上：这周又混过去了，我真棒！

斜杠青年：主业偷懒，副业拼命

关键词：副业、多面手、时间管理大师

斜杠青年是45° 青年中的“时间管理大师”。他们在主业上可能表现平平，甚至有点儿偷懒，但在副业上却拼尽全力。他们可能是程序员兼摄影师，也可能是教师兼博主。他们的生活充满了各种可能性，既不想被单一的职业束缚，也不想完全安于现状。他们的生活哲学是：“鸡蛋不能放在一个篮子里。”他们通过发展副业来分散风险，同时也为自己的人生增加更多选择。他们的口头禅是："主业是生存，副业是生活。"

【典型场景】

白天：在公司偷懒，刷刷手机，想想怎么搞副业。

晚上：回到家，打开电脑，开始为副业奋斗。

周末：不是在拍视频，就是在写文章，忙得不亦乐乎。

焦虑型45° 青年：一边安于现状，一边焦虑

关键词：焦虑、内耗、自我怀疑

焦虑型45° 青年是45° 青年中最矛盾的一种类型。他们既想安于现状，又担心被社会淘汰；既想努力，又害怕付出没有回报。他们天天内耗，在"安于现状"和"过度竞争"之间反复横跳。他们的生活哲学是："安于现状是为了更好地起跳，但起跳之前先让我躺一会儿。"他们常常陷入自我怀疑："我这样下去会不会废掉？""别人都在努力，我是不是太懒了？"他们的口头禅是："我好焦虑，但我什么都不想做。"

【典型场景】

看到别人年薪百万：我也要努力！

想到工作的压力：算了，还是混日子吧。

不奋斗之后：我是不是太不思进取了？

佛系青年：随遇而安，顺其自然

关键词：随性、随缘、不争不抢

佛系青年是45° 青年中最淡定的一种类型。他们对生活没有太高要求，也不喜欢与人竞争。他们的态度是：“得之我幸，失之我命。”他们不会为了升职加薪拼命工作，也不会为了买房买车省吃俭用。他们的生活哲学是：“人生苦短，及时行乐。”他们的口头禅是：“随缘吧。”“都可以。”“没关系。”他们不会因为外界的压力而改变自己的节奏，也不会因为别人的成功而感到焦虑。他们的生活简单而充实，充满了小确幸。

【典型场景】

工作：能完成就行，不求完美。

生活：吃好喝好，开心就好。

感情：有缘就在一起，没缘就分开。

奋斗型45° 青年：偶尔安于现状，持续努力

关键词：奋斗、目标、平衡

奋斗型45° 青年是45° 青年中最积极的一种类型。他们有自己的目标和规划，但不会为了目标拼命竞争。他们懂得劳逸结合，既努力工作，也适当放松。他们的生活哲

学是："人生是一场马拉松，不是短跑。"他们的口头禅是："慢慢来，比较快。""努力是为了更好地生活。"他们不会因为一时的失败而气馁，也不会因为一时的成功而骄傲。他们的生活充满了节奏感，既有奋斗的激情，也有放松的惬意。

【典型场景】

工作日：认真工作，高效完成任务。

周末：放松身心，享受生活。

假期：旅行、学习、充电，充实自己。

理想型45°青年：追求热爱，活出自我

关键词：热爱、自由、自我实现

理想型45°青年是45°青年中最洒脱的一种类型。他们不会为社会的标准所束缚，也不会为他人的评价所影响。他们追求的是内心的热爱和真正的自我实现。他们的生活哲学是："人生只有一次，要活出自己想要的样子。"他们的口头禅是："做自己喜欢的事，过自己想要的生活。""不被定义，活出自我。"他们可能是自由职业者，也可能是创业者。他们的生活充满了激情和创造力，既不会完全安于现

状，也不会盲目过度竞争。

工作：做自己喜欢的事，充满热情。

生活：追求自由，不被束缚。

未来：充满无限可能，活出精彩人生。

45° 青年的生活状态，既是对过度竞争的反抗，也是对安于现状的反思。它代表了一种更加理性、更加平衡的生活方式。无论是安于现状预备役、斜杠青年、焦虑型45° 青年、佛系青年、奋斗型45° 青年，还是理想型45° 青年，每一种类型都有其独特的魅力和价值。重要的是，找到适合自己的生活节奏，既不盲目过度竞争，也不彻底安于现状。在45° 的角度下，仰望星空，脚踏实地，活出属于自己的精彩人生。

不想奋斗，又不甘平凡：我们为何选择45°？

曾几何时，“打工人”的自我调侃席卷社交网络，人们用黑色幽默消解职场高压，以“搬砖”等词语戏谑地勾勒出被异化的劳动图景。然而短短几年间，“45° 青年”这种更为复杂的生活姿态悄然成为时代热词，越来越多的年轻人从“打工人”的身份中抽离，转而拥抱“45° ”的生活态度。从“打工人”到“45° 青年”，这一转变背后，是社会现实与年轻人内心诉求的碰撞。

社会转型期的挤压：45° 青年的生存土壤

1. 经济高增长神话褪色，个体发展空间收窄

中国经济从高速增长转向高质量发展阶段，传统行业产能过剩与新兴领域竞争白热化并存。由猎聘发布的《2024高校毕业生就业数据报告》显示，2024年全国高校毕业生人数1179万，而企业招聘需求同比收缩15%。某互联网大厂员工在社交平台坦言：“十年

前‘996’是通往财务自由的捷径，现在加班只是保住饭碗的无奈选择。”当“努力工作就能改变命运”的确定性叙事崩塌，青年群体被迫在“拼命竞争”与“放弃挣扎”之间开辟第三条道路。

2. 技术革命重构劳动形态，精神倦怠蔓延

智能手机与社交媒体将工作场域无限延伸，模糊了职业与生活的边界，持续性的“在线待命”状态导致职场人员的深度焦虑。更值得关注的是算法经济催生的零工劳动者——外卖骑手、直播主播等群体，他们收入波动大，缺乏职业安全感。这种不稳定就业形态加剧了“45° ”心理：既需保持随时投入工作的警觉，又因缺乏长期规划而陷入迷茫。

3. 代际价值观断裂：从生存竞争到意义追寻

与父辈“吃苦耐劳换安稳生活”的实用主义不同，新时代人群更强调工作与兴趣的契合。社交平台上“数字游民”“FIRE运动”等话题浏览量破亿，折射出年轻人对自由度的渴求。然而，当这种追求遭遇北上广深平均房价收入比超30的现实，理想主义不得不妥协为“半工半玩”的折中方案。正如95后设计师小林所说：“我可以接受降薪去小型工作室，但至少要保留周末看展的时间。”

心理防御机制的进化：45° 倾斜的内在逻辑

1. 认知失调下的策略性妥协

心理学中的“自我决定理论”指出，当个体感知到环境严重限

制自主性时，会启动心理调适机制。25岁程序员张阳的经历颇具代表性：连续三年绩效优秀却未获晋升后，他不再主动承接额外项目，但依然保持基准产出。“既然努力与回报不成正比，不如把精力转移到烘焙爱好上。”这种“保住底线，不争上限”的策略，本质上是对组织承诺失效的消极抵抗。

2. 社交媒体制造的参照系焦虑

各大社交平台构建的“精致生活”图景，持续刺激着青年的相对剥夺感。研究显示，日均刷视频超3小时的人群中，68%会产生“同龄人比我成功”的挫败情绪。但有趣的是，正是这些平台也成为缓解焦虑的出口——00后大学生王雨通过分享“低成本治愈瞬间”收获5万粉丝，她说：“在虚拟社区获得认同，能部分补偿现实中的价值缺失。”

3. 身体与精神的交互预警

广州医科大学附属第二医院数据显示，2024年颈椎病患者中90后占比达37%，较五年前增长近两倍。26岁美甲师陈筠的经历极具警示性：日均工作11小时导致交感神经型颈椎病，治疗时的“吊脖子”场景被戏称为“当代青年行为艺术”。身体病痛与心理倦怠形成恶性循环，迫使许多人主动降低工作强度以换取喘息空间。

另外，家庭环境也对“45° 青年”的形成有潜在影响。家长往往对孩子寄予极高的期望，希望孩子能够赚大钱、成大器，光耀门楣。青年人背负着家长的期望，不敢轻易放弃努力；但在激烈的就业竞争面前，他们又难以迅速获得高薪职位，只能在工作中努力维持，同时又对未来的发展感到迷茫，从而表现出“45° ”的状态。

在社会压力、个人追求与家庭影响等多重驱动下，“45° 青年”这一新兴词语应运而生，成为一种介于“安于现状”和“过度竞争”之间的生活态度。

45° 青年的出现，不仅是个体对抗过度竞争、安于现状的一个理性选择，也是社会多元化发展的产物。它告诉我们，社会压力虽然无处不在，但个人仍然可以在过度竞争与放松之间找到属于自己的位置。每个人都有权选择自己最适合的生活方式，无论是全力奋斗，还是适度放松，都应当被尊重。45° 青年的态度，也提醒我们精神健康和自我成长的重要性。无论外部环境如何变化，保持内心的平和与成长的渴望，才是应对复杂社会的最好方式。正如许多45° 青年所说：“生活的意义不仅仅在于工作和赚钱，更在于如何成为一个更好的自己。”

45°≠消极：在焦虑与平庸之间找到人生的最佳姿势

【小张的45° 生活】

小张是一位在一线城市打拼的普通白领，毕业于一所普通院校，所学专业是市场营销。刚进入职场时，小张满怀憧憬，同许多初出茅庐的年轻人一样，渴望在职场中大显身手，实现自己的价值。然而，现实却给了他重重一击。

在公司里，小张所在的部门竞争异常激烈，同事们为了争取业绩，常常加班到深夜，甚至周末也不休息。小张起初也试图跟上这种节奏，他频繁地熬夜做方案，主动承担各种额外的工作任务。但渐渐地，他发现自己的身体开始吃不消，精神状态也变得越来越差。更令人沮丧的是，尽管他付出了那么多的努力，在业绩上却没有取得明显的优势，升职加薪似乎依旧遥不可及。

与小张不同，他们一些大学同学选择了安于现状，轻松生活。他们毕业就回到家乡，或找到没有前途却稳定的“铁饭碗”工作，或选择“啃老”。看着他们轻松自在的生活，小张也有过动摇，怀疑自己这么拼命是否真的值得，但他内心深处又有着不甘，不想就这样放弃自己曾经的梦想。

于是，小张开始尝试寻找一种平衡。他在上班时间全神贯注地完成工作任务，避免不必要的拖延。下班后，他不再将工作带回家，而是给自己留出足够的时间来放松身心。他重新拾起了大学时期喜欢的摄影爱好，每个周末都会背着相机去城市的各个角落寻找灵感，拍摄美丽的风景和有趣的人物。通过摄影，小张不仅缓解了工作压力，还结识了一群志同道合的朋友，丰富了自己的生活圈子。如此，虽然他的职业发展速度放缓了，但他感到更加快乐和充实。

45° ≠消极

有些人可能会认为，像小张这样的45° 青年其实是对生活的消极应对。然而，事实并非如此。45° 青年并不是不努力，而是选择了一种更加可持续的生活方式。他们在努力和放松之间找到平衡，避免过度消耗自己。

1. 提高效率，避免无效努力

45° 青年注重提高工作效率，避免无效努力。他们懂得合理安排时间，集中精力完成重要任务，而不是盲目加班。这种工作方式不仅提高了工作效率，也让他们有更多的时间享受生活。

2. 设定合理目标，避免盲目攀比

45° 青年会根据自身的兴趣和能力，设定合理的目标，而不是盲目攀比。他们不会为了追求所谓的成功而失去自我，而是注重自我提升，追求内心的满足。

3. 保持积极心态，避免过度焦虑

45° 青年非常重视心理健康，懂得调节自己的情绪，避免过度焦虑和压力。他们会通过运动、阅读、旅行等方式来放松自己，保持积极乐观的心态。

如何在安于现状和过度竞争之间找到属于自己的节奏

1. 了解自己，明确目标

要找到属于自己的节奏，首先要对自己有清晰的认识。了解自己的兴趣爱好、优势和劣势，明确自己真正想要的是什么。可以通过自我反思、与他人交流、参加职业测评等方式来深入了解自己。在有了清晰的自我认知后，根据自己的实际情况制定合理的目标。目标不宜过高，以免因无法实现而产生挫败感；也不宜过低，否则无法激发自己的潜力。例如，如果你对绘画有浓厚的兴趣，且具备一定的绘画基础，你可以设定一个目标，在半年内举办一次小型的

个人画展。在实现这个目标的过程中，你可以制订详细的计划，如每周学习一种新的绘画技巧，每月创作一定数量的作品等。

2. 合理安排时间，平衡工作与生活

学会合理安排时间是找到节奏的关键。将工作时间和生活时间明确划分，避免工作过度侵占生活空间。在工作时间内，要提高工作效率，采用科学的时间管理方法，如番茄工作法、四象限法则等，将工作任务按照重要性和紧急程度进行分类，优先处理重要且紧急的任务，合理分配时间给其他任务。在生活时间里，要尽情享受生活，做自己喜欢的事情，如运动、阅读、旅游等。比如，你可以每天安排一个小时的运动时间，周末安排一天的时间去郊外游玩，放松身心。通过合理安排时间，实现工作与生活的平衡，让自己在忙碌的生活中保持良好的状态。

3. 保持学习，不断提升自己

学习是不断进步的动力源泉。在找到自己的节奏后，要保持学习的热情，持续提升自己的能力。可以选择与自己职业发展相关的领域进行深入学习，也可以学习一些自己感兴趣的新知识、新技能。学习的方式多种多样，如参加培训课程、阅读书籍、观看在线讲座、参与实践项目等。例如，如果你从事的是销售工作，你可以学习一些销售技巧、客户关系管理等方面的知识，同时，也可以学习一些沟通技巧、心理学等相关知识，提升自己的综合素质。通过不断学习，你将能够更好地适应社会的变化，在自己的节奏中实现

个人的成长和发展。

4. 学会适度放松和调整

在追求梦想和目标的过程中，我们还需要学会适度放松和调整，以保持良好的心态和状态，避免过度疲惫和焦虑。对此，我们可以选择适合自己的放松方式和方法，如通过运动、旅行、阅读等来放松身心、缓解压力。同时，我们还需要学会与他人分享和交流，分享自己的快乐和烦恼，寻求他人的理解和支持。这样，我们就能够更好地调整自己的心态和状态，保持一种良好的生活和工作状态。

在快节奏的现代生活中，年轻人面临着巨大的压力和挑战。他们既想追求自己的梦想和目标，又害怕失败和挫折。这种迷茫和挣扎让许多人陷入了安于现状和过度竞争的两难境地。然而，45° 青年却在这种迷茫和挣扎中找到了属于自己的节奏。

他们既不过度追求名利和地位，也不过度放松对自己的要求。他们以一种更加积极、更加理性的态度面对生活和工作中的挑战。他们既不过度放松自己，也不过度紧绷自己，而是在两者之间找到了属于自己的节奏。

这种节奏让他们在工作中找到了成就感和价值感，也让他们在生活中获得了幸福和满足。它代表着一种既不过度放松，也不过度紧绷的生活态度。它让我们明白，生活并非只有黑白两极，而是存在着无数的中间地带。只要我们用心去寻找和感受，就一定能够找到属于自己的节奏和平衡点。

45° 青年的快乐源泉：奶茶、追剧、宠猫……

“45° 青年”的生活核心，是在忙碌与放松之间找到平衡。这种平衡不仅体现在工作和生活的节奏上，也体现在他们对快乐的追求上。对于45° 青年来说，快乐并不需要轰轰烈烈，而是藏在日常生活的点滴之中：一杯奶茶、一部好剧、一只可爱的猫咪，都能成为他们的快乐源泉。本节，我们就来聊聊45° 青年的快乐哲学，看看他们是如何在平凡的生活中找到幸福的。

奶茶：甜蜜的治愈时刻

1. 生活的调味剂

对于45° 青年来说，奶茶不仅仅是一种饮品，更是一种生活的调味剂。无论是工作日的下午茶，还是周末的休闲时光，一杯奶茶总能带来片刻的甜蜜和放松。网友@奶茶控小圆分享了自己的奶茶日常：“每天下午3点，我都会点一杯奶茶。这已经成为我生活中的一种仪式。喝奶茶的那一刻，所有的烦恼都暂时消失了，只剩下满满的幸福感。”

2. 社交的纽带

奶茶还是45° 青年社交的重要纽带。无论是和朋友聚会，还是和同事闲聊，一杯奶茶总能拉近彼此的距离。网友@社交小达人写道：“每次和朋友见面，我们都会先去奶茶店买杯奶茶。一边喝奶茶，一边聊天，感觉时间过得特别快。奶茶成了我们友谊的见证。”

3. 自我奖励的方式

45° 青年还喜欢用奶茶来奖励自己。无论是完成了一项工作任务，还是度过了一个忙碌的星期，一杯奶茶是对自己的小小犒赏。网友@努力小青年分享道：“每次加班到深夜，我都会给自己点一杯奶茶。奶茶入口的那一刻，我觉得所有的辛苦都是值得的。”

追剧：沉浸式的精神逃离

1. 短暂的逃离

在快节奏的生活中，追剧成为45° 青年短暂逃离现实的方式。无论是悬疑剧、爱情剧还是搞笑综艺，追剧总能让他们暂时忘记烦恼，沉浸在另一个世界中。网友@追剧小能手分享了自己的追剧心得：“每次工作压力大的时候，我都会打开一部喜欢的剧，一口气追完。追剧的时候，我完全忘记了现实中的烦恼，仿佛进入另一个世界。”

2. 情感的寄托

追剧不仅是娱乐，也是情感的寄托。45° 青年常常通过剧中的人物和情节，找到共鸣和慰藉。网友@情感小达人写道：“最近追了一部爱情剧，剧中的男女主角经历了很多挫折，但最终走到了一起。看完之后，我对爱情又有了新的期待。”

3. 社交的话题

追剧还成为45° 青年社交的重要话题。无论是和朋友讨论剧情，还是在社交媒体上分享观后感，追剧总能带来更多的互动和交流。网友@社交小达人分享道：“每次追完一部剧，我都会和朋友讨论剧情。有时候，我们还会一起猜测结局，感觉特别有趣。”

宠猫：温暖的陪伴时光

1. 治愈的良药

对于45° 青年来说，猫咪不仅是宠物，更是治愈的良药。无论是疲惫的工作日，还是孤独的夜晚，宠猫总能带来温暖和安慰。网友@猫奴小圆分享了自己的宠猫日常：“每天下班回家，我的猫咪都会在门口迎接我。宠猫的那一刻，所有的疲惫都消失了，只剩下满满的幸福感。”

2. 情感的寄托

猫咪还成为45° 青年情感的寄托。无论开心还是难过，猫咪总是默默地陪伴在身边，给予无条件的爱和支持。网友@情感小达人写道：“有一次我失恋了，整个人都很难过。我的猫咪似乎察觉到了我的情绪，一直趴在我身边，用头蹭我的手。那一刻，我觉得自己并不孤单。”

3. 社交的桥梁

宠猫还成为45° 青年社交的桥梁。无论是和朋友分享猫咪的照片，还是在社交媒体上交流养猫经验，宠猫总能带来更多的互动和交流。网友@社交小达人分享道：“每次和朋友聊天，我们都会聊到各自的猫咪。有时候，我们还会互相分享猫咪的照片和视频，感觉特别有趣。”

其他快乐

除了奶茶、追剧和宠猫，45° 青年的快乐源泉还有很多。这些看似平凡的小事，却能在日常生活中带来无限的幸福感。

1. 美食：味蕾的满足

美食是45° 青年生活中不可或缺的一部分。无论是自己下厨，还是外出探店，美食总能带来味蕾的满足和心灵的愉悦。网友@美食控小圆分享了自己的美食日常：“每到周末，我都会尝试做一道新菜。做饭的过程让我感到放松，而品尝美食的那一刻，更是满满的幸福感。”

2. 旅行：心灵的放松

旅行是45° 青年放松心灵的重要方式。无论是短途旅行，还是长途旅行，旅行总能带来新的体验和感悟。网友@旅行小达人写道：“每年我都会安排一次长途旅行。旅行的时候，我完全忘记了工作中的烦恼，只专注于眼前的风景和体验。”

3. 运动：身体的释放

运动是45° 青年释放压力的重要方式。无论是跑步、瑜伽还是健身，运动总能带来身体的释放和心灵的放松。网友@运动小达人分享道：“每次工作压力大的时候，我都会去健身房跑步。跑步的时候，我感觉所有的烦恼都被抛在了脑后，只剩下释放后的身体。”

4. 手工：创意的表达

认真做手工的时候，很容易进入“心流”模式。当感到情绪无法排遣的时候，可以试试折纸、陶艺、针织等等。网友@酸辣小鱼儿分享道：“做手工的时候会忘记烦恼，好像世界都跟我无关。感觉压力都有了出口。”

45° 青年的快乐哲学

45° 青年的快乐哲学，是对平凡生活的深刻理解。

活在当下：45° 青年不会为了未来的目标而忽视眼前的幸福，

也不会为了过去的遗憾而错过当下的快乐。

珍惜生活中的小确幸：45° 青年不会因为追求完美而忽视生活中的美好，也不会因为一时的挫折而失去对生活的热爱。

自我关怀：45° 青年不会因为外界的压力而忽视自己的需求，也不会因为一时的失败而否定自己的价值。

对于45° 青年而言，奶茶、追剧、宠猫、运动、手工、旅行……这些看似简单的日常活动，却蕴含着巨大的快乐能量。它们在忙碌与疲惫的生活中，为45° 青年构筑起一个个温馨的避风港，让他们能够在短暂的时光里忘却烦恼，享受快乐，重新找回生活的美好。在这个充满挑战的时代，这些简单而纯粹的快乐源泉，成为45° 青年保持积极心态、勇敢面对生活的有力支撑。无论是街角的那杯奶茶，还是屏幕里的精彩剧集，抑或是家中猫咪的温暖陪伴，又或是运动场上的汗水、手工桌上的创意、旅途中的新奇，都在默默地见证着45° 青年独特的生活轨迹和内心世界。

自测题——你的45° 指数有多高？

请根据你的实际情况选择最符合的选项，最后根据公式计算分数，查看结果。

1.工作中面对一项具有挑战性的任务，你会：

A.主动请缨，全力以赴完成，争取做到最好。（10%）

B.先评估自己的能力，觉得有把握就接受，否则委婉拒绝。（50%）

C.能躲就躲，尽量不参与，觉得太麻烦。（90%）

2.下班后的晚上，你通常会：

A.继续学习专业知识，提升自己的技能。（10%）

B.先休息放松一下，看会儿电视或玩会儿游戏，之后再根据情况决定是否学习。（50%）

C.直接瘫在沙发上玩手机，什么也不想干，一直到睡觉。（90%）

3.当看到朋友圈里朋友分享自己取得的成就时，你会：

A.深受鼓舞，决心向对方学习，努力提升自己，也要取得类似的成绩。（10%）

B.点个赞表示祝贺，心里会有一点儿小触动，但不会马上采取行动。（50%）

C.心里毫无波澜，甚至觉得有点烦，直接划过。（90%）

4.周末两天休息时间，你的安排是：

A.制订详细的计划，包括学习、健身、参加社交活动等，把时间安排得满满当当。（10%）

B.周六睡个懒觉，放松一下，周日再做一些自己喜欢的事情，比如看电影、看书等。（50%）

C.两天都在床上度过，除了吃饭和上厕所，几乎不离开床。（90%）

5.对于自己未来的职业规划，你会：

A.有清晰明确的目标和详细的发展计划，并且一直在朝着这个目标努力前进。（10%）

B.有一个大致的方向，但没有具体的计划，走一步看一步。（50%）

C.完全没有规划，觉得未来的事情很难说，过好当下就行。（90%）

【计算方法】

将你选择的每个选项对应的百分数相加，然后除以题目数量5，得出的结果就是你的45° 指数。例如，你选择的答案依次是B、C、B、A、C，那么计算方式为（50%+90%+50%+10%+90%）÷5=58%。

【结果解读】

45° 指数在10%~30%之间：你是一个比较积极向上的“积极竞争”型选手，对生活和工作充满热情，目标明确，行动力强。

45° 指数在31%~70%之间：你处于典型的45° 青年状态，既不会完全放弃努力，也不会拼尽全力，处于一种较为平衡的状态。

45° 指数在71%~90%之间：你更倾向于“安于现状”，对很多事情缺乏积极性和主动性，可能需要重新审视自己的生活态度，寻找新的动力和目标。

第二章

工位即战场：以 45° 突破职场困局

一味埋头苦干往往容易陷入身心透支的陷阱——就像不停运转却不加油的机器，终将不堪重负。职场的本质是用劳动换取报酬，但智慧的职场人懂得：适当“偷懒”不是消极怠工，而是给紧绷的神经松绑，给灵感留出呼吸的空间。毕竟，高效的工作从不依赖蛮力堆砌，张弛有度才能走得更远。记住，赚钱的本质是价值交换，而守护身心的平衡，才是可持续的“职场续航密码”。

打工人的带薪喘息指南

随着职场竞争的日益激烈，很多公司都强调高效率、高绩效的工作文化。在这种背景下，员工在工作时间内需要不断地进行自我压榨，以保持竞争力。然而，长时间的高压工作也带来了身心的疲惫，不少人开始寻求工作中的“喘息空间”，于是“忙里偷闲”这一文化便应运而生。如何在保持“拼搏”的外表下，优雅地“忙里偷闲”而不被老板发现，成了许多年轻职场人，尤其是45° 青年关注的话题。

什么是职场“忙里偷闲”？

职场“忙里偷闲”是一种通过低效、消耗时间的方式在工作时间内进行放松的行为，通常表现为查看社交媒体、聊天、浏览新闻等。虽然“忙里偷闲”被视为逃避工作的一种方式，但在当下的职场环境中，它也反映了一种生存智慧——在高压工作下保持心理健康与效率平衡的策略。

1. 职场压力下的智慧

在当前的职场环境中，很多员工都面临着沉重的工作负担和高压的工作氛围。不断变化的任务需求、加班文化和职场竞争，使得员工难以保持持久的工作动力。研究表明，长时间的工作压力不仅会降低员工的工作效率，还会影响员工的身心健康。因此，职场人需要通过适当的"忙里偷闲"行为，来缓解压力，保持工作状态。

2. "假忙文化"下的默契

很多公司内部存在一种"假忙"的文化，尤其是在一些大型企业中，员工每天忙于各种会议、报告和邮件，表面上看似繁忙，实际上并未产生多少实质性成果。在这种环境中，"忙里偷闲"成为一种默契的存在——既不妨碍工作进展，又能够减少内心的焦虑。

如何优雅地"忙里偷闲"而不被老板发现？

1. 了解公司文化与"忙里偷闲"界限

不同的公司有不同的文化和工作氛围，了解公司对"忙里偷闲"的容忍度，以及具体的工作职责，是成功实施"忙里偷闲"策略的前提。如果公司鼓励员工自主安排时间，注重工作成果而非过程，那么适度的"忙里偷闲"便不太容易被察觉。反之，如果公司强调严格的考勤和任务进度，"忙里偷闲"就需要更加隐秘，避免被过度关注。

2. 合理安排“忙里偷闲”时段

掌握好“忙里偷闲”的时机是非常重要的，合理分配工作与休息时间，才能在不影响工作进度的前提下，获得足够的休息和放松。可以选择一些低峰时段，例如，午餐后、等待会议或任务反馈时，可以短暂“忙里偷闲”以放松身心；在处理一些不需要太多精力投入的任务时，也可以适当放松。

3. 选择低风险的“忙里偷闲”方式

职场中“忙里偷闲”的方式有很多，但不是所有的方式都适合你的职场。为了避免引起不必要的麻烦，选择一些低风险的方式尤为重要。例如，浏览一些与工作相关的内容，或是在休息时做一些轻松的伸展运动，这些行为不会引人注目，却能有效帮助缓解工作压力。

带薪“忙里偷闲”指南

1. 带薪养生

①每天带薪上厕所十分钟，每年至少会多出5天的带薪假期。这个假期时间由你自己把握。

②每隔一段时间站起来走动一下，拉伸一下身体，或者揉揉手腕，缓解长时间打字带来的疲劳。

③多看看窗外，缓解眼部疲劳。

④午休时间睡个午觉，补充能量，提高下午的工作效率。

⑤喝养生茶，补充水分，调养身体。

⑥放空自己，梳理脑子里的负面情绪，保持心情愉悦。

⑦进行深呼吸、冥想等放松活动，缓解工作压力。

2. 带薪自我提升

①简单记录一下一天的工作，方便写周报、月报，同时也能帮助自己梳理工作思路。

②利用碎片时间读书、看电子书，或者听博客、课程，不断提升自己的知识和技能。

③练习PPT制作、公开演讲等技能，为未来的职业发展打下基础。

3. 带薪消费娱乐

①利用工作时间浏览购物网站，购买生活用品或给长辈、朋友准备节日礼物。

②参与各种APP的签到奖励活动，或者寻找优惠券、折扣信息等，实现消费娱乐两不误。

③想下一餐吃什么，提前订好外卖，节省时间又方便。

④蹭网把回家想看的剧先下载，省流量费。

4. 几个“保命”快捷键

①Ctrl+W：关闭当前浏览窗口或页面。

②Alt+Tab：快速切换窗口。

③Win+D：回到桌面。

④win+M：隐藏当前浏览窗口。

⑤Win+L：快速锁定电脑屏幕，离开工位前必备操作。

忙里偷闲与职业道德的平衡

在职场中，职业道德是每个员工必须遵守的基本准则。它不仅关乎个人的职业操守，还涉及公司文化的健康发展。保持高效工作，尽职尽责，按照职责完成任务，是每个职场人的基本责任。无论是企业的管理层，还是企业的普通员工，都需要在自己的岗位上履行职责，保证工作的高质量和高效率。其实，保持职业道德并不意味着要完全拒绝“忙里偷闲”，而是要在不影响工作效率、质量的前提下合理安排时间。职场中的“忙里偷闲”可以是一种调节压力的方式，但不能成为员工逃避责任、拖延工作的借口。做到这一点，需要在以下几个方面进行平衡：

1.明确责任与任务

首先需要明确自己的工作任务，并在规定的时间内完成这些任务。工作完成后，可以利用剩余的空闲时间进行短暂的休息、放松或娱乐。

2.保持高效工作状态

通过适当的休息可以提高工作效率，但必须保证自己的工作没有拖延，且仍然保持高效和高质量。所谓“优雅忙里偷闲”，就是在工作节奏中找到适当的放松点，确保休息时间与工作时间的平衡。

3. 避免过度“忙里偷闲”

“忙里偷闲”过度，不仅会影响工作，还可能引发同事之间的不满，甚至影响到公司业绩。因此，适度地“忙里偷闲”是可以理解的，但不应成为逃避责任的行为。员工需要时刻提醒自己，过度“忙里偷闲”会影响自己的职业形象，并对工作产生不良影响。

4. 从“忙里偷闲”到自我管理

“忙里偷闲”本质上是职场人在压力下寻找自我放松的方式，但如果能够在职场中具备更强的自我管理能力，就能更好地实现工作与生活的平衡，避免过度依赖“忙里偷闲”。例如，时间管理的提升、任务分解的清晰，以及高效的工作执行力，能够帮助员工减少工作压力，从而减少“忙里偷闲”的需要。

勇敢说“不”，不做职场软柿子

在当今快节奏的职场环境中，“过度竞争”已成为一个普遍现象。什么是过度竞争？举个简单的例子：大家都按时下班，但有一个人加班，老板就会觉得其他人不够努力，于是大家都开始加班，最后所有人都累得要死，但工作效率并没有提高，这就是一种“过度竞争”。对不想“竞争”的45° 青年来说，“学会说‘不’”是他们摆脱被动、维持边界、重获职场自由的关键。

不懂拒绝，正在拖垮你的人生

在《人间值得》一书中，90岁的心理医生中村恒子奶奶说：“人生，只要能照亮某个角落就够了。”也就是说，我们没必要满足所有人的期待，也没必要把别人的事情都扛在自己肩上，做好自己，问心无愧就够了。

然而，在现实生活中，很多人不懂得这个道理。电影《芳华》

中的何小萍就是不懂拒绝的典型。其他人不想干的活，都推给她干；其他人不想出的差，都让她去出。何小萍虽然心里委屈，但从来不敢说“不”。结果，她活得越来越憋屈，最后患上了精神病。由此可见，不懂得拒绝，真的会拖垮人生。当你不懂得拒绝时，你就会成为别人眼中的“软柿子”，谁都可以捏一下；当你不懂得拒绝时，你就会把自己的时间和精力都浪费在一些无关紧要的事情上；当你不懂得拒绝时，你就会活得越来越累、越来越焦虑。

为什么我们不懂得拒绝？

既然不懂得拒绝会给我们带来这么多麻烦和困扰，那么为什么我们还是不懂得拒绝呢？这背后主要有三个原因。

1. 讨好型人格

所谓讨好型人格，是指一个人总是把别人的需求放在第一位，而忽视了自己的需求。他们害怕拒绝别人后会失去别人的喜欢和认可，所以宁愿委屈自己，也要优先满足别人。这种人在职场上很常见，他们习惯于讨好同事、讨好领导，结果把自己搞得疲惫不堪。

2. 责任感太强

有些人之所以不懂得拒绝，是因为他们的责任感太强。他们总觉得自己有责任去帮助别人、去承担更多的工作。然而，这种过强的责任感，往往会让他们陷入“过度竞争”的旋涡中无法自拔。

3. 缺乏自信

有些人总觉得自己不够好、不够强大，所以不敢拒绝别人的要求。他们害怕拒绝后会被人看不起、会被人嘲笑。然而，这种缺乏自信的心理状态，只会让他们在职场上越来越被动。

职场拒绝大法

1. 对不合理的工作任务说“不”

在职场中，我们经常会遇到一些不合理的工作任务，这些任务可能超出了我们的职责范围，或者与我们的工作目标无关。我们要学会识别这些不合理任务，并勇敢地说“不”。

【例子】

小钱在一家传媒公司担任编辑。有一天，领导突然找到她，要求她在两天内完成一份关于公司未来五年发展战略的报告。小钱的本职工作是负责日常的稿件编辑和排版，对于公司的发展战略并不熟悉，而且时间紧迫，根本不可能在这么短的时间内完成一份高质量的报告。

小钱找到领导，诚恳地表达了自己的想法。她首先对领导的信任表示感谢，然后详细说明了自己目前的工作任务和职责范围，以及完成这份报告所需的专业知识和时间。她告诉领导，自己虽然很想为公司作出贡献，但以目前的情况来看，无法在保证质量的前提下按时完成这份报告。同时，她还向领导推荐了公司的市场部同事，认为他们在公司战略规划方面更有经验和专业的知识，能够更好地完成这份报告。领导听了小钱的解释后，经过考虑，最终接受了她的建议，将任务交给了市场部。

通过这次经历，小钱不仅避免了自己陷入无法完成任务的困境，还赢得了领导的理解和尊重。

2. 对过度加班说“不”

过度加班是职场过度竞争的一个重要表现形式。我们要学会合理安排自己的工作时间，提高工作效率，对不必要的加班说“不”。

小孙在一家科技公司担任项目经理，曾经是加班的“常客”。为了按时完成项目任务，他经常带领团队加班到深夜。然而，他发现长时间的加班并没有带来更高的工作效率，反而让团队成员疲惫不堪，工作积极性下降。于是，小孙决定改变这种状况。

他首先对项目的工作流程进行了梳理和优化，找出了一些可以提高效率的环节。同时，他加强了团队成员之间的沟通和协作，避免因为信息不畅导致的重复工作。在工作安排上，他更加合理地分配任务，根据每个成员的能力和特长，让他们承担最适合自己的工作。通过这些措施，团队的工作效率得到了显著提高，很多原本需要加班才能完成的任务，现在在正常工作时间内就能顺利完成。

当遇到一些确实需要加班才能完成的紧急任务时，小孙也会提前与团队成员沟通，说明情况，并给予相应的补偿，如调休或奖金。这样一来，团队成员对加班的抵触情绪大大降低。

通过对过度加班说“不”，小孙不仅让自己和团队成员的工作生活更加平衡，还提高了团队的整体工作效率和凝聚力。

3. 对职场中的无效社交说“不”

在职场中，社交活动是不可避免的，但有些社交活动往往是无效的，只是浪费时间和精力。我们要学会辨别哪些社交活动是有价值的，哪些是可以拒绝的。

【例子】

在一家外贸公司工作的小周，经常会收到各种同事组织的聚会邀请。一开始，他为了维护同事关系，每次都会参加。然而，他发现这些聚会大多只是吃饭、唱歌，并没有什么实质性的交流和收获。而且，参加这些聚会往往会占用他很多周末的休息时间，让他感到疲惫不堪。

于是，小周开始有选择地参加社交活动。对于那些与工作相关、能够提升自己专业知识或拓展人脉的聚会，他会积极参加；而对于那些纯粹为了娱乐而没有任何价值的聚会，他会委婉地拒绝。

有一次，一位同事邀请他参加周末的聚餐，小周回复说："谢谢你的邀请，我很想和大家一起聚聚，但我这个周末已经安排了学习外贸业务的课程，希望下次有机会再一起聚。"通过这种方式，小周既没有得罪同事，又为自己节省了时间，用于提升自己的专业能力。

4. 对不合理的竞争要求说"不"

在职场过度竞争的环境下，有些竞争要求可能是不合理的，甚至是违背职业道德的。我们要坚守自己的原则和底线，对不合理的竞争要求说"不"。

【例子】

小刘在一家美容院上班，自从换了新店长后，每天都被要求发十条以上的朋友圈。这天，店长要求每个人都给通讯录里的朋友群发短信广告，以提高成交率。

她盯着手机里的广告文案，指尖在群发键上悬了又悬。店长制定的"每天十条朋友圈、强制私信推广告"的规定，像根细针扎在她心里。

三个月来，她眼睁睁看着自己的朋友圈从分享精油调配心得、插画日常，变成清一色的促销信息。那些发给亲友的“早安问候”里藏着推销话术，让她每次点开通讯录都满心愧疚。有一次，她误将肩颈套餐广告发给住院的姑妈，对方发来一句“孩子，你还好吗”，让她整夜辗转难眠。

“我不想这样打扰朋友。”小刘坚定地拒绝了店长的要求。本以为会被“穿小鞋”，没想到一切如常。

说“不”带来的积极影响

1. 提升个人幸福感

拒绝无休止的加班和过度竞争，个人能够有更多的时间用于休息、兴趣爱好等，从而提升生活的满足感和幸福感。减少工作压力，有助于心理健康，降低焦虑、抑郁等心理问题的风险。

2. 增强工作效率与创造力

合理拒绝不必要的任务，使员工能够专注于核心工作，提高工作效率和质量。在轻松的工作环境中，员工更容易产生创新思维，为团队带来新的想法和解决方案。

3. 促进职场文化健康

拒绝过度竞争行为有助于建立更加公平、合理的职场文化，减少恶性竞争和攀比现象。鼓励员工基于能力和贡献获得认可，而非仅仅依靠工作时长或表面功夫。

识别职场“笑面虎”，别等被“捅”了还在笑

职场霸凌，就是职场中的上级通过特定的话术和行为模式，对下级员工进行精神控制，以削弱其自信心，达到从精神上掌控员工的目的。这种现象不仅损害员工的心理健康，还可能阻碍其个人成长和职业发展。因此，识别职场霸凌套路，学会保护自己，对于职场人士，尤其是45° 青年来说至关重要。

职场霸凌的常见套路

1. 否定打压型

通过贬低个人能力或价值，摧毁自信心，迫使员工服从：

①“你这点事情都做不到，存在的价值是什么？”

——直接否定个人价值，引发自我怀疑。

②“你太差了，什么都做不好。”“再这样下去，你迟早会被炒鱿鱼。”

——持续否定工作能力，强化恐惧心理。

③“别人都能做好，你为什么做不好？”

——通过对比制造焦虑，削弱自信心。

2. 道德绑架型

以“为你好”“成长”为名，合理化不合理要求：

①“年轻人要多吃苦，吃苦是成长的第一步。”

——将超负荷工作美化为“锻炼”，忽视实际回报。

②“公司培养你，加班是福气，别人想要都没有。”

——将压榨包装为“机会”，模糊权利边界。

③“工资不重要，重要的是平台和机会。”

——用未来虚无的承诺掩盖当前低薪现实。

3. 威胁控制型

通过制造恐惧或威胁，迫使员工妥协：

①“要么忍，要么离开。”“你要是不服从，工作可就难做了。”

——利用职位权力施压，限制选择空间。

②“你离开单位啥都不是，单位离了你照转不误。”

——打击离职信心，强化依赖心理。

③“你怎么做，那是你的事，做不好就自己负责。”

——推卸责任的同时威胁后果。

4. 情感操控型

利用情感或人际关系进行操控：

①“我是为了你好才说这些。”“一般人谁跟你讲这些。”

——假借关心之名实施控制，制造愧疚感。

②“好好干，下次提拔加薪的就是你。”

——空头承诺诱导超额付出，长期开空头支票。

③“你要是我下属，我早就重用你了。”

——暗示“特殊关系”，实则模糊职场规则。

5. 群体施压型

通过群体比较或规则捆绑施压：

①“大家都在加班，你有什么脸下班？”

——利用从众心理逼迫无偿加班。

②“不要你认为，多听听大家怎么想。”

——否定个人判断，强调服从集体。

③“你是新人，多牺牲一下。”

——以资历为由要求新人承担额外工作。

如何识别职场PUA

1. 关注语言模式

频繁使用贬低性词语：职场PUA者在与员工交流时，会频繁使用贬低性词语，如“你不行”“你太笨了”“你根本做不好”等。

如果上司或同事经常用这样的语言评价你，那很可能是在对你进行职场PUA。

承诺与实际不符的话术： 注意对方承诺时的措辞与实际行动。如果对方总是许下美好的承诺，如晋升、加薪等，但从未兑现，或者总是找各种借口推脱，那就要警惕了。真正重视员工的领导，会用实际行动来支持员工的发展，而不是只停留在口头承诺上。

2. 观察行为表现

不合理的工作安排： 当面临不合理的工作安排，如工作量远超负荷、工作难度与自身能力严重不匹配，且上司不顾你的实际情况，一味地要求你完成时，这可能是职场PUA的表现。正常的工作安排会考虑员工的能力和工作负荷，以促进员工的成长与发展，而不是故意为难员工。

刻意制造的孤立氛围： 观察自己在团队中的处境，如果发现自己逐渐被孤立，如在团队活动中被故意忽视、在工作中得不到同事的支持与协作，而这种情况并非由于自身原因造成，那很可能是有人在背后故意为之。职场PUA者常常通过孤立员工来达到控制员工的目的。

3. 留意心理感受

长期的自我怀疑与焦虑： 如果在工作中，你经常会自我怀疑，对自己的能力失去信心，同时伴随着焦虑、抑郁等负面情绪，且这些情绪在工作之外并没有明显缓解，那就要反思自己是否正处于职场PUA的环境中。职场PUA的打压式批评和孤立式操控，很容易让员工产生这些心理问题。

对工作产生强烈的抵触情绪：原本对工作充满热情，但在与上司或同事的相处过程中，逐渐对工作产生强烈的抵触情绪，甚至一想到上班就感到痛苦，这也可能是受到职场PUA的影响。职场PUA会破坏员工对工作的热爱，让员工在工作中感受不到成就感与价值感。

保护自己免受职场PUA的方法

1. 建立强大的自我认知

客观评估自身能力：定期对自己的工作能力、专业技能、综合素质等进行客观评估。可以通过自我反思、与同事交流、参加专业测评等方式，了解自己的优势与不足。当职场PUA者对你进行无端指责时，你能够基于自己的客观评估，不盲目接受对方的贬低，从而保持自信。

明确个人职业目标：明确自己的职业目标，包括短期目标和长期目标。明确自己想要在职业生涯中取得什么样的成就，以及通过什么样的途径来实现这些目标。当面临职场PUA者的画饼式承诺时，你能够根据自己的职业目标，判断这些承诺是否符合自己的发展方向，避免被虚假承诺迷惑。

2. 积极沟通与反馈

与PUA者直接沟通： 当察觉到自己可能受到职场PUA时，可以尝试与对方进行直接沟通。选择一个合适的时间和地点，以平和、理性的态度表达自己的感受和想法。例如，对上司说："您最近对我的批评让我感到很沮丧，我认为自己在工作中也付出了很多努力，并且取得了一些成绩。希望您在指出我的问题时，也能给予我一些肯定和鼓励，这样我会更有动力改进自己的工作。"通过直接沟通，让对方了解你的态度，有可能改变对方的行为。

向上级或HR反馈： 如果与PUA者的直接沟通没有效果，或者对方的行为已经严重影响到你的工作和生活，可以考虑向上级领导或人力资源部门反馈。在反馈时，要准备好充分的证据，如聊天记录、工作邮件、相关事件的详细描述等，以便让上级或HR能够全面了解情况。同时，要明确表达自己的诉求，如希望得到公正的评价、调整工作安排、改善工作环境等。

3. 拓展社交与职业支持网络

加强与同事的交流合作： 在职场中，积极与同事建立良好的关系，加强交流与合作。通过团队合作项目、工作之余的交流活动等，增进与同事之间的了解与信任。当面临职场PUA时，同事可能会成为你的支持力量，他们可以为你提供客观的评价和建议，帮助你摆脱孤立的困境。

寻求外部职业社群的帮助：加入相关的职业社群，如行业论坛、专业社交平台、线下行业聚会等。在这些社群中，你可以与同行交流工作经验，分享职场心得，了解行业内的普遍情况。当遇到职场PUA问题时，也可以向社群中的其他成员请教，得到他们的建议和帮助。此外，通过拓展职业支持网络，你还可能获得更多的职业发展机会，为自己的未来增加更多选择。

4. 适时考虑离开

评估工作环境的改善可能性：如果长期处于职场PUA的环境中，且通过各种努力都无法改变现状，那就需要评估工作环境的改善可能性。分析公司的文化氛围、领导风格、管理模式等因素，判断这种职场PUA现象是个别行为还是公司普遍存在的问题。如果是公司层面的问题，且短期内无法得到有效解决，那么继续留在这样的环境中，可能会对自己的身心健康和职业发展造成更大的伤害。

果断寻找新的职业机会：当确定当前工作环境无法改善时，要果断寻找新的职业机会。利用自己的人脉资源、招聘网站、猎头渠道等，积极投递简历，参加面试。在寻找新工作时，要注意了解公司的文化和价值观，面试过程中可以询问面试官关于公司的管理风格、团队氛围等问题，避免再次陷入职场PUA的陷阱。虽然换工作可能会面临一些挑战和不确定性，但为了自己的身心健康和职业发展，适时离开不健康的工作环境是必要的选择。

副业觉醒：如何把业余时间变现?

斜杠青年一词源自英文“slash”，指的是那些拥有多重职业或身份的人，他们不满足于单一职业身份，而是通过发展多重职业或兴趣来丰富自己的人生。他们可能是程序员/摄影师、教师/作家、设计师/咖啡师等。斜杠青年的生活方式不仅能够增加收入来源，还能提升个人技能、拓展人脉，更好地实现自我价值，找到人生的多样可能性。因此，进化为成功的斜杠青年，是许多45° 青年的终极目标。但如何利用好宝贵的业余时间发展出成功的副业，从平凡走向卓越，实现斜杠青年的华丽“进化”，成为45° 青年亟待解决的问题。

如何选择适合自己的副业

1. 兴趣与技能的结合

选择副业时，首要考虑的因素是自己的兴趣和技能。兴趣是持续投入的动力，而技能则是成功的基础。例如，你如果对摄影感兴趣并且具备一定的摄影技能，那么可以考虑将摄影作为副业。

2. 市场需求分析

在选择副业时，还需要考虑市场需求。一个没有市场需求的副业，即使你再有兴趣和技能，也难以持续发展。可以通过市场调研、网络搜索等方式，了解当前市场上哪些副业有较大的需求。

3. 时间与精力的投入

副业需要投入时间和精力，因此在选择副业时，要考虑自己是否有足够的时间和精力来兼顾主业和副业。可以选择那些在业余时间灵活进行的副业，如写作、设计、咨询等。

利用业余时间发展副业的策略

1. 制定明确的目标

发展副业需要有明确的目标。目标可以是短期的，如每月通过副业赚取一定的收入；也可以是长期的，如通过副业实现职业转型。明确的目标可以帮助你更好地规划自己的时间和精力。

2. 时间管理技巧

优先级排序：将任务按重要性和紧急性进行排序，优先完成重要且紧急的任务。

时间块管理：将一天的时间划分为不同的时间块，每个时间块专注于一项任务。

避免拖延： 设定明确的截止日期，并严格执行，避免拖延。

3. 利用碎片时间

碎片时间是指日常生活中零散的时间，如通勤时间、午休时间等。这些时间虽然短暂，但如果利用合理，也可以为副业发展作出贡献。例如，可以在通勤时间听相关领域的播客，或在午休时间阅读相关书籍。

4. 建立高效的工作流程

自动化工具： 利用各种自动化工具，如任务管理软件、社交媒体管理工具等，提高工作效率。

外包与协作： 将一些重复性、低价值的工作外包给他人，或与他人协作，提高整体效率。

持续优化： 定期回顾工作流程，找出可以优化的地方，持续改进。

副业发展的具体步骤

1. 市场调研与定位

在开始副业之前，进行充分的市场调研，了解目标市场的需求、竞争对手的情况以及自身的优劣势。根据调研结果，明确自己的市场定位，制定相应的策略。

2. 建立个人品牌

个人品牌是副业成功的关键。通过建立个人品牌，可以提升自己的知名度和信誉度，吸引更多的客户和机会。建立个人品牌的方法包括：

社交媒体运营：在社交媒体上分享有价值的内容，展示自己的专业能力。

内容创作：通过博客、视频、播客等形式，持续输出高质量的内容，吸引粉丝。

网络形象管理：维护良好的网络形象，积极参与行业讨论，树立专业形象。

3. 寻找客户与合作伙伴

线上平台：利用各种线上平台，如自由职业平台、社交媒体、行业论坛等，寻找潜在客户。

线下活动：参加行业会议、展览、沙龙等活动，结识潜在客户和合作伙伴。

口碑营销：通过提供优质的服务，赢得客户的口碑推荐，扩大客户群。

4. 持续学习与提升

副业的发展需要不断学习和提升。通过参加培训、阅读书籍、向行业专家请教等方式，持续提升自己的专业能力和市场竞争力。

副业发展中的挑战与应对

1. 时间冲突

主业和副业之间的时间冲突是斜杠青年面临的主要挑战之一。应对方法包括：

提高效率：通过时间管理技巧和高效工作流程，提高工作效率，节省时间。

灵活调整：根据实际情况，灵活调整主业和副业的时间分配。

2. 精力分散

多重职业身份可能导致精力分散，影响主业和副业的表现。应对方法包括：

专注核心任务：明确主业和副业的核心任务，集中精力完成最重要的任务。

适当休息：合理安排休息时间，保持精力充沛。

寻求支持：在必要时，寻求家人、朋友或同事的支持，分担压力。

3. 收入不稳定

副业的收入可能不稳定，尤其是在初期阶段。应对方法包括：

多元化收入来源：发展多个副业，分散收入风险。

建立储蓄：在收入较高时，建立储蓄，以应对收入不稳定的时期。

持续优化：通过不断优化副业策略，提高收入稳定性。

斜杠青年的未来发展趋势

1. 数字化转型

随着数字化技术的发展，越来越多的副业可以通过线上平台进行。例如，自由职业者可以通过网络接单，内容创作者可以通过社交媒体吸引粉丝。数字化转型为斜杠青年提供了更多的机会和可能性。

2. 跨界融合

未来的斜杠青年将更加注重跨界融合，通过不同领域的结合，创造出新的职业形态。例如，设计师可以结合科技知识，开发智能家居产品；教师可以结合心理学知识，开展教育咨询业务。

3. 个性化定制

随着消费者需求的多样化，斜杠青年将更加注重个性化定制服务。例如，健身教练可以根据客户的身体状况和需求，制订个性化的健身计划；摄影师可以根据客户的喜好，提供定制化的拍摄服务。

45° 青年精神燃料

书籍与理论类

1.《倦怠社会》（韩炳哲）

从哲学角度分析现代社会的“过度积极”与自我剥削现象，解释“45° 青年”为何在高压竞争中陷入疲惫与自我怀疑。书中提出的“深度无聊”概念，为平衡生活提供启发。

2.《被讨厌的勇气》（岸见一郎/古贺史健）

以阿德勒心理学为基础，探讨如何摆脱社会评价体系的束缚，接纳真实的自我。适合焦虑的青年，学习建立内在价值标准。

3.《心流：最优体验心理学》（米哈里·契克森米哈赖）

通过“心流”理论，指导如何在工作与兴趣间找到专注与幸福感，避免无效内耗，与“45° 青年”提倡的“蓄势待发”理念契合。

工具与应用推荐

1. 时间管理

Toggl Track：记录时间分配，分析工作、学习与休闲的占比，帮助找到“45° 平衡点”。

2. 心理健康

简单心理：在线心理咨询平台，针对职业倦怠、自我怀疑等问题提供专业支持。

3. 职业转型

LinkedIn Learning：提供“轻技能”课程（如插画、短视频剪辑等），适合希望发展副业的“45° 青年”。

线下活动与工作坊

1. 城市青年社群活动（如“706青年空间”）

定期举办职业分享会、兴趣沙龙，鼓励参与者探索多元身份，如“程序员/手作人”“教师/脱口秀演员”等斜杠组合。

2. 轻体力劳动体验营

部分机构组织短期园艺、咖啡师培训等活动，帮助年轻人短暂脱离脑力劳动，体验“脱下长衫”的放松感。

第三章 生活被绑架？你以为的快乐全是套路

请相信，内心的自洽与丰盈胜过千言万语：从容面对社交压力，不再因“不合群”而焦虑，专注于打磨内心的罗盘，那些与你同频的灵魂，终将循着你绽放的光芒而来。毕竟，人生从不是一场拥挤的马拉松，而是一场与自我和解、与世界温柔共振的旅程。

越聚越想逃？社交恐惧症自救指南

在45° 人生中，许多年轻人面临一个隐形挑战：社交恐惧症。他们或许能在工作中保持“半努力”的平衡，却在社交场合中陷入焦虑——害怕聚会发言、抗拒陌生饭局，甚至对线上群聊也感到窒息。这种压力不仅影响人际关系，更可能加剧自我怀疑：“我是不是注定无法融入社会？”事实上，社交恐惧的本质并非“性格缺陷”，而是高压社会催生的心理适应机制。下面我们就以“45° 青年”的独特视角切入，提供一套可操作的社交恐惧症自救指南，帮助你在“适度参与”与“自我保护”间找到平衡。

社交恐惧症的根源：为什么你会害怕与人接触？

1. 社会评价体系的压迫

在“成功学”主导的价值观中，社交能力被等同于“高情商”“人脉资源”，甚至成为衡量个人价值的标准之一。当“45° 青年”试图拒绝无效社交时，常被贴上“孤僻”“不合群”的标签，进而产生自我否定。

2. 自我认知的偏差

社交恐惧者往往存在“聚光灯效应”认知偏差：认为他人时刻关注自己的一举一动。例如，担心说错话会被嘲笑、认定沉默会显得愚蠢。这种过度自我监控消耗大量心理能量，形成恶性循环。

3. 负面经验的强化

一次尴尬的演讲、一场冷场的对话，都可能成为心理创伤。大脑通过“负强化”机制将社交场景与痛苦感受绑定，导致身体出现心悸、出汗等生理反应，进一步加深恐惧。

自救第一步：打破思维陷阱的认知重建

1. 修正“必须完美”的执念

真相：社交中70%的“失误”只有你自己在意。研究发现，他人对你行为的关注度往往比你想象的低50%。

练习：记录一次社交经历，分别写下“你认为别人如何评价你”和“对方实际说过的话”，对比两者差异。

2. 重构社交目标

将“让别人喜欢我”改为“获取有效信息”或“观察他人反应”。例如，参加聚会时，设定“记住3个人的爱好”而非“给所有人留下好印象”。目标具体化可减少焦虑。

3. 建立“社交能量账户”

原理：内向者的社交能量有限，需科学分配。

方法：每周日晚列出下周社交清单，预估能量值（如大型会议=4分，熟人1对1聊天=2分），按“必选/可选/可弃”标注。若某日实际消耗超过预算（如周一已用6分），则取消/简化后续可选活动。

一周社交清单示例

日期/时间	社交活动	分类	能量值	实际消耗	备注
周一 9:00	部门例会（发言1次）	必选	3	3	提前准备发言稿降低焦虑
周一 12:30	与同事食堂午餐（3人）	可选	2	1	专注吃饭，少主动找话题
周一 19:00	亲戚介绍的相亲饭局	可弃	4	拒绝	借口“加班”推脱
周二 15:00	客户方案沟通会（线上）	必选	4	4	会后独处30分钟恢复
周二 20:00	闺蜜视频吐槽大会	必选	1	1	能量补充型社交
周三 18:30	前同事聚餐（8人火锅）	可弃	5	拒绝	改为发送祝福红包
周四 10:00	跨部门协作讨论（5人）	可选	3	2	记录笔记减少发言压力
周四 21:00	线上游戏（固定队友）	可选	1	1	无须语音，打字沟通

（续表）

日期/时间	社交活动	分类	能量值	实际消耗	备注
周五 14:00	公司团建（密室逃脱）	可弃	5	拒绝	申请改为线上参与
周六 11:00	家庭生日聚餐（6人）	必选	3	3	提前离场“约了医生”
周六 15:00	手工兴趣小组（4人）	可选	2	2	专注手工减少对话
周日 全天	无社交计划		0	0	宅家充电：看书/追剧

渐进式暴露训练：从“安全区”到“挑战区”

1. 建立分级挑战清单

难度等级	场景示例	目标行为
等级1	线上文字群聊	每天发送1条消息
等级2	熟人一对一通话	主动约朋友语音10分钟
等级3	小型亲友聚会	在3人场合分享1个观点
等级4	10人以上会议	提出1个问题或建议

关键原则：每完成一个等级，给予自己奖励（如看一部电影），切勿强迫跨级挑战。

2. 身体调节技术

478呼吸法：吸气4秒→屏息7秒→呼气8秒，快速降低焦虑水平。

渐进式肌肉放松： 主动收紧肌肉→放松脚趾、小腿、大腿等部位，阻断“战斗或逃跑”反应。

3. 角色扮演练习

场景模拟： 对着镜子练习自我介绍，录制视频观察表情和语气。

身份转换： 想象自己是“社交观察员”而非参与者，用第三方视角分析对话逻辑。

4. 调整生活方式

健康的生活方式对于缓解社交焦虑至关重要。

保持规律作息： 确保充足的睡眠和规律的作息时间，有助于维持身心平衡。

均衡饮食： 摄入均衡的营养，多吃蔬菜、水果和全谷物食品，少吃油腻和刺激性食物。

适度运动： 定期进行适度的运动，如散步、跑步、瑜伽等，有助于释放压力并改善心情。

避免过度摄入咖啡因和酒精： 咖啡因和酒精都可能加剧焦虑情绪，因此应适量摄入或避免摄入。

在“参与”与“抽离”间找平衡

1. 选择性社交：建立“三圈原则”

核心圈（必须投入）： 家人、挚友、关键合作伙伴——深度情感联结。

缓冲圈(适度参与)： 同事、兴趣社群——保持基础互动即可。

游离圈(可放弃)： 无效饭局、攀比型聚会——果断说“不”。

2. 打造“社交安全包”

物理道具： 手持一杯饮料（避免手足无措）、携带笔记本（记录话题转移注意力）。

话术储备： 准备3个万能问题（如“最近有看什么有意思的剧吗”）、2个脱身借口（如“我去接个电话”）。

3. 善用“替代性社交”

异步沟通： 用邮件、留言代替即时回复，减少实时压力。

兴趣联结： 通过共同爱好建立关系（如组队打游戏、拼单手工材料），弱化社交属性。

长期心理建设，从恐惧到自洽

1. 接纳“社交低电量模式”

认清真相： 全球约13%的人有社交焦虑倾向（WHO数据），你不是异类。

自我宣言： 练习说“我需要独处时间”而非“对不起，我太没用了”。

2. 发展“补偿性优势”

许多社交恐惧者拥有敏锐的观察力、深度的思考能力。可将这些优势转化为：

文字表达： 通过写作、自媒体输出观点。

一对一咨询： 从事心理咨询、职业规划等需要共情而非热闹社交的工作。

3. 构建支持系统

互助小组： 加入“社交焦虑者联盟”等线上社群，分享经验。

专业干预： 当恐惧严重影响生活时，寻求认知行为疗法（CBT）或正念治疗。

社交恐惧不是人生的枷锁，而是提醒你寻找适合自己的互动方式。对“45° 青年”而言，真正的自救不是强迫自己变成“社交达人”，而是建立一套“可持续社交系统”：

允许自己“微社交”： 5分钟的真诚对话，胜过2小时的强颜欢笑。

创造社交“留白”： 不必填满所有时间，独处时的自我滋养同样重要。

相信关系的多样性： 深度联结可以发生在线上社群、书信往来甚至共同创作中。

当你不再把社交视为“必须通关的考试”，而是看作“可选择体验的游戏”，或许会在意想不到的地方，遇见真正的共鸣。

越晒越虚伪？不要活在朋友圈的滤镜里

在45°人生中，年轻人用朋友圈编织着理想生活的幻象：凌晨4点的加班咖啡、周末的网红店打卡、健身房的马甲线自拍……这些精心设计的“快乐瞬间”，既是社交货币，也是心理补偿。然而，当滤镜下的生活与现实产生裂痕，一场场“假象崩塌”的荒诞剧便悄然上演——有人因一条情绪化动态丢了工作，有人虚假的“自律人设”被同事揭穿，更多人则在深夜删掉精心修饰的九宫格，陷入“表演幸福”的疲惫循环。朋友圈假象崩塌的本质，是当代青年在“社会期待”与“真实自我”间的撕裂。下面我们将揭示这场集体表演背后的生存焦虑，并探索一种更自洽的“45°朋友圈哲学”。

朋友圈人设的背后：虚拟世界的完美幻象

1. 朋友圈人设的诞生

“人设”一词来源于娱乐圈，指的是明星为了迎合大众市场所刻意塑造的个人形象。随着社交媒体的普及，尤其是朋友圈的流行，每个人都可以在自己的社交平台上自由地展示生活、分享心情和记录点滴。社交平台成为人们展示自我形象的一个舞台，朋友圈人设便悄然诞生。在朋友圈中，许多人试图塑造出一个理想中的自己，展现出自己“美好、成功、幸福”的形象，以获得他人的认可和羡慕。

2. 朋友圈人设图鉴

人设类型	典型特征	崩塌风险点
职场精英	深夜加班照、行业峰会定位	同事曝光忙里偷闲记录、项目失败
自律达人	健身打卡、健康餐摆拍	体检报告异常、聚餐照泄露
旅行博主	网红景点九宫格、小众旅行文案	被扒出差实情、定位造假
文艺青年	书单摆拍、展览打卡	无法回答书籍内容、展览知识错误
“现充”人生赢家	高级餐厅、社交活动	分期付款截图流出、活动冷场

3. 朋友圈人设的构建方式

挑选生活碎片：人们常常只展示生活中最光鲜亮丽的一面，如旅行照片、美食照片、运动打卡、与朋友聚会等，而忽略了背后的真实生活。这些美丽的照片和生活片段，构成了一个虚拟的理想生活。

情感包装：许多人会在朋友圈中发布带有情感色彩的内容，

如“早安”“晚安”、励志语录等，试图通过积极向上的情绪表达塑造自己快乐、乐观的一面。而实际生活中的烦恼和痛苦，却被隐藏在背后。

精心设计的文字与排版：在一些人眼里，朋友圈不仅是生活的记录，更是展现个人品味和审美的地方。很多人会用精心设计的文字和排版，讲述看似深刻、哲理性的故事或观点，试图塑造自己的智慧和内涵。

朋友圈假象崩塌：虚伪与压力的代价

人设崩塌，通常指的是通过虚假展示构建的形象与现实生活产生巨大反差，导致个人形象或社会关系的崩溃。当生活中的真实情况与朋友圈中展现出的完美形象产生巨大反差时，许多人开始陷入心理的困境和焦虑，甚至出现“朋友圈假象崩塌”的情况。

1. 崩塌的三种典型场景

技术性翻车：P图穿帮、定位矛盾、文案抄袭（如某网红晒书单被网友扒出短评抄袭）。

社交性暴露：同事/亲友无意间戳破谎言（如晒“亲子时光”的父亲被妻子曝光常年加班）。

系统性崩溃：长期维持虚假人设导致心理失衡（如某员工因朋友圈发泄情绪被辞退）。

2. 崩塌的深层动因

社会比较的压力放大器：在“人均年薪百万”的社交媒体语境

中，朋友圈成为焦虑贩卖场。当我们看到别人在朋友圈里晒出的幸福瞬间、成功故事时，心里难免会产生一种落差感。为了缩小这种落差，为了不被别人“比下去”，我们可能会选择夸大自己的快乐，甚至制造一些虚假的快乐来展示给别人看。研究显示，频繁浏览“精致人设”会降低20%的自我满意度，迫使年轻人陷入“虚假繁荣”的军备竞赛——用分期付款买名牌包拍照，用修图软件伪造马甲线，用定位模拟器虚构旅行轨迹。

职场规则的隐性绑架：许多公司隐性要求员工将朋友圈作为“企业形象延伸”。某项目经理因在朋友圈吐槽同事“立牌坊”被辞退，法院判决明确“朋友圈非法外之地”。这种压力催生了“打工人双账号”策略——小号宣泄情绪，大号表演敬业。

情感需求的代偿机制：人类是群居动物，天生就有着寻求认同和归属感的本能。当现实社交难以满足归属感，朋友圈点赞成为“数字安慰剂”，让我们觉得自己并不孤单，是属于这个社交圈子的一部分。一项调查显示，78%的Z世代会因点赞数不足删除动态，这种对虚拟认同的依赖，实质是现实人际关系匮乏的补偿。

从“人设经营”到“真实自洽”

1. 建立“人设安全边际”

风险分级：将人设分为“核心形象”（真实特质）与“修饰层”（适度美化），避免虚构与现实的彻底割裂。

止损机制：设定“崩塌预警线”（如连续3天发布虚假内容需暂

停），定期进行真实性校准。

2. 实践“微真实主义”

选择性暴露： 分享带瑕疵的日常（如加班时杂乱的桌面），增强可信度。

场景化表达： 用“今天尝试做菜，虽然糊了，但酱汁意外好吃”替代“厨神人设”。

3. 重构社交评价体系

传统标准	45°标准
点赞数	深度互动率（如真诚评论）
人设完整性	真实性与成长性
内容精致度	情感共鸣度

4. 用技术对抗表演焦虑

人设管理APP实验： 在“动态成本计算器”中输入拟发布内容，自动评估维护成本与崩塌风险。用“真实性指数”插件分析历史动态，提示过度美化倾向。

社交媒体的反向使用： 开设“树洞小号”，用于记录真实情绪，设置仅自己可见。发起“缺陷挑战”，如我的翻车现场话题，用自嘲消解完美焦虑。

朋友圈假象崩塌不是一场灾难，而是撕开虚假面纱的契机。当“假装快乐”的表演成为负累，我们或许可以尝试更松弛的社交姿态——

允许“45°展示”：不必时刻昂扬，偶尔的疲惫与迷茫同样值得被看见。

拥抱“有限真实”：在保护隐私的前提下，让朋友圈成为生活切片而非精修影集。

重建评价坐标：用“自我满意指数”替代“他人点赞数”，在社交网络中锚定真实价值。

在45°人生中，真正的勇气不是维持完美假象，而是与不完美的自己温柔相拥。

消费主义陷阱：你买的不是快乐，是焦虑！

凌晨两点，27岁的白领小林盯着手机屏幕——购物车里躺着刚抢到的限量款球鞋、网红主播推荐的“抗初老”精华液，还有一张“满599减300”的优惠券。她清楚自己的信用卡已透支两万元，但手指依然机械地点下“立即支付”。这一刻的兴奋，像极了半年前她为“精致生活”下单咖啡机、香薰蜡烛和ins风地毯时的样子。只是如今，这些物品堆在出租屋角落，成了“弃之可惜”的焦虑图腾。

小林的故事并非个例。许多自诩45°生活的年轻人正被卷入一场精心设计的消费狂欢：用分期付款购买“中产标配”，用信用卡账单堆砌“幸福感”，用直播间抢购缓解职场压力……然而，当拆开快递的瞬间快感消退后，留下的只有空洞的账单与更深的自我怀疑。下面我们将拆解消费主义如何将“购物”异化为“精神麻醉剂”，揭露其背后的心理操控机制，并提供一套“理性消费突围指南”，帮助你在物欲横流的时代找回真实的生活掌控感。

消费主义的隐秘逻辑：从“需求”到“病欲”

消费主义，简单来说，是一种社会意识形态，它鼓励并强调个人通过购买商品和服务来满足需求和欲望，以此获得幸福感和社会认同。在现代社会中，消费已经不再仅仅是为了满足基本生存需求，更成了一种社会地位、身份认同和个人价值的象征。尤其在20世纪工业革命和信息时代的推动下，消费主义迎来了空前的繁荣。

1. 消费主义的进化史

阶段	核心策略	典型话术
功能消费时代	满足基本生存需求	“一台冰箱用十年。”
品牌消费时代	制造身份认同焦虑	“开××车才是成功人士。”
场景消费时代	贩卖生活方式幻想	“露营装备=诗与远方。”
情绪消费时代	将购物变为心理疗愈	“心情不好？买支口红吧！”

（数据：2023年中国居民消费贷款余额突破50万亿元，其中30岁以下群体占比达42%。）

2. 焦虑制造的三重陷阱

身份焦虑：“轻奢品＝中产入场券”“小众品牌＝审美优越感”。

时间焦虑：“限时折扣”“最后100件”刺激非理性抢购。神经科学实验显示，抢购倒计时会触发大脑多巴胺分泌量提升40%。

社交焦虑：“不穿潮牌被同学嘲笑”“没有Switch无法融入同事话题”。

“45°青年”的消费困境：在“伪精致”中沉浮

现代消费社会的最大问题之一就是，它将物质消费与个人幸福直接挂钩。人们从小就被告知“拥有更多的东西就能获得更多的快乐”，然而现实却是，越来越多的拥有往往让人感到越来越不满足。每一次购物的满足感都是短暂的，许多人在购买之后，很快便陷入了对下一次消费的渴望中。

例如，智能手机的更新换代速度越来越快，每一款新机发布都会引发一波抢购潮。很多人购买新款手机，并非因为旧款不再适用，而是担心错过最新科技，担心自己落后他人。尽管手机的功能早已足够强大，许多人依然陷入了“必须拥有最新款”的消费逻辑中，追求着看似能带来“精致生活”的商品，实际上却收获了更多焦虑。

1. 典型案例图谱

消费类型	典型行为	心理补偿机制
职场补偿型	买名牌包抵消加班委屈	“工作这么苦，总该犒劳自己。”
社交货币型	分期购买最新款手机	“用旧机型会被看不起。”
自我救赎型	囤积健身卡/付费课程	“消费＝改变生活的开始。”
情感代偿型	直播间疯狂下单宠物用品	“现实孤独，只能给猫买玩具。”

2. 数字时代的加速沦陷

算法围猎： 电商平台通过搜索/浏览记录构建消费心理模型，用“猜你喜欢”精准推送，形成信息茧房。

社交绑架： 社交媒体“晒单文化”催生攀比链，“种草笔记”重构消费标准。

金融诱导： 一些支付软件将“未来钱”包装为“即时快乐”，模糊支付痛感；虚拟货币（积分/红包）降低消费道德约束。

谁在操控你的钱包？

1. 资本的游戏规则

计划性报废： 手机系统升级降低旧款性能，快时尚服装故意使用易损面料。

概念创新： 创造伪需求（如“抗糖丸”“头皮抗衰老精华”）。

圈层分化： 通过“会员等级”“限量款”制造鄙视链，刺激重复消费。

2. 媒体的共谋结构

纪录片《无节制消费的元凶》揭露： 儿童节目植入玩具广告，培养“终身消费者”；用“升级焦虑”推动电子产品迭代（如“5G手机必备”）。

直播话术手册曝光： “倒数54321”激活大脑杏仁核，触发本能抢购；“全网最低价”利用损失厌恶心理，即便不需要也害怕错过。

商品异化的“三重炼金术”：

异化维度	操控手法	典型案例
功能异化	将工具变为身份符号	机械表从计时工具变为奢侈品
时间异化	用潮流迭代制造过时焦虑	快时尚每周上新淘汰“过时”设计
关系异化	将人际联结物化为商品交换	情人节礼物成为感情度量衡

突围指南：构建理性消费防御体系

要想摆脱消费主义的陷阱，第一步就是要觉醒，认识到消费主义的本质。我们必须明白，物质并不等同于幸福，消费并不能真正带来内心的满足。每个人的真正需求和幸福来源是不同的，我们不必按照社会设定的标准去追求某些物品或者生活方式。理性消费是我们从消费主义陷阱中解脱出来的关键。理性消费并非完全拒绝消费，而是在消费时更加关注自己的需求，避免盲目跟风和过度购买。我们可以通过以下几种方式来实现理性消费：

1. 消费祛魅三问：

①我是否在购买资本定义的“幸福”？

②这个商品会让我更自由还是更奴役？

③如果没有观众，我是否还需要它？

2. 建立“45°消费观”

必要型消费：满足衣食住行基本需求（占比60%）。

投资型消费：提升技能、健康的长效投入（占比25%）。

愉悦型消费：带来持续快乐的非必需品（占比15%）。

方法	应用场景	科学原理
72小时冷静期	将商品加入购物车3天后再决定	规避大脑边缘系统冲动决策
物品生命周期计算器	计算商品每小时使用成本	破解“便宜货”幻觉（如99元只用3次的衣服实际成本33元/次）
社交货币转换法	将拟消费金额换算为自由时间	如“这个包＝我加班两个月”

3. 用技术对抗冲动

工具类型	推荐应用	核心功能
账单可视化	记账类软件	分类统计消费，生成冲动购物报告
需求优先级管理	清单类软件	设置“必要/想要/可弃”购物清单
反营销插件	屏蔽广告插件、比价工具	阻断诱导信息，寻找平价替代品

4. 追求精神和情感的满足

实际上，幸福感往往来源于精神和情感的满足。我们可以通过增进人际关系、培养兴趣爱好等方式去实现更加充实和真实的生活，提升个人的内在价值。

5. 反对“过度消费”的社会文化

作为社会的一员，我们可以通过倡导“简约生活”来影响身边的人，尤其是年轻人，鼓励大家回归简单和本真，摆脱对奢华消费的迷恋。在这种文化氛围中，理性消费不仅是个人的选择，更是对社会压力的一种反叛。

在低物欲中寻找真自由

【案例】

从“负债月光”到“反消费博主”

转折点： 28岁销售员阿琳因网贷逾期被起诉，决心执行“一年不买新衣”挑战。

实践方法： 将衣柜衣物编号，每天搭配打卡发社交媒体。用旧布料DIY背包，意外收获10万粉丝。

关键收获： “停止用购物证明价值后，我找回了对生活的掌控感。”

【案例】

程序员社区的“算力平权运动”

技术宣言：用代码对抗消费主义。

具体行动：开发“消费欲望熵值计算器”量化购物冲动；创建开源硬件数据库延长电子产品寿命。

社会影响：帮助3000人年均减少电子消费支出1.2万元。

撕开消费主义的糖衣炮弹，我们会发现：真正的自由不在于拥有多少物品，而在于能否摆脱“占有即幸福”的幻觉。对45° 青年而言，理性消费不是苦行，而是一场夺回生活主权的革命——

用“长期主义”替代“即时满足”：把买奢侈品的钱投入技能培训，让资产随时间增值。

用“体验价值”替代“符号价值”：一场深度旅行比十个名牌包更能滋养生命。

用“自我定义”替代“社会规训”：当你不再用商品回答“我是谁”时，才能真正听见内心的声音。

当学会在付款前多问一句“这是我需要的，还是资本让我想要的”，他们或许会在移除购物车的瞬间，意外地填满内心的空洞。这，才是45° 人生最珍贵的消费：投资一个不被物欲绑架的自由灵魂。

极简生活指南：断舍离，给生活做减法!

在当今这个物质丰富、信息爆炸的时代，人们常感到生活变得越来越复杂，压力也随之增加。沙发上堆着去年双十一囤的纸巾，衣柜里塞满了只穿过一次的“网红爆款”，书架上摆着从未拆封的“必读书单”——年轻人被消费主义裹挟，用物质堆砌“安全感”，却也在物品的海洋中迷失了自我，与真正的幸福渐行渐远。

极简生活，正是对这种困境的回应——它不是自我剥夺，而是一场关于“少即是多”的生活革命。下面我们将系统阐述极简生活的核心理念，并介绍实现极简生活的核心实用方法——“断舍离”。这是一份献给所有被物欲困扰的年轻人的生活指南，更是一场关于“如何活得更轻盈”的哲学探索。

极简生活的理念

1. 极简生活的定义

极简生活（Minimalism）是一种生活方式，强调通过减少物质和精神上的负担，专注于对个人真正重要的事物，从而提升生活质量和内心的满足感。这种生活方式并非追求贫乏，而是通过“去繁从简”，让生活回归本质，追求内心的平静和幸福。

2. 极简生活的认知误区

误区1:极简=苦行

真相：极简是选择更少但更好的物品，而非一味牺牲生活质量。

误区2:极简=扔东西

真相：极简的核心是重新定义“需要”，而非盲目丢弃。

误区3:极简=千篇一律

真相：极简是高度个性化的生活方式，因人而异。

误区4:极简=逃避责任

真相：极简是对生活更负责任的态度，减少资源浪费。

3. 极简生活的核心原则

去除无用物品：清理家中不再使用或不再带来价值的物品，避免被物质困扰。

追求内心的平静：减少生活中的纷繁复杂，回归简单、宁静的状态，保持清晰的思维和心灵的平衡。

专注于重要的事物：放下对不必要的欲望，集中精力去追求内心真正渴望的目标与价值。

优化时间管理： 减少无意义的时间浪费，将精力投入到更有价值和意义的活动中。

断舍离：极简生活的第一步

1. 断舍离的概念

“断舍离”一词源自日本，由山下英子（Marie Kondo）等人所提倡，并迅速成为全球范围内的流行趋势。它通过帮助人们清理和整理物品，达到精神上的解脱与自由。“断舍离”由三个部分组成：

断： 断绝不再需要或不再有用的物品，防止自己再受到物品的束缚。

舍： 舍弃那些占据空间、消耗时间和精力的东西，包括物品、习惯、情感等。

离： 与过去的物品、过往的生活方式和固有的思维模式告别，脱离物质的枷锁，回归内心的自由。

2. 断舍离的哲学

断舍离不仅仅是清理物品，更是一种生活态度的改变。它鼓励我们从心理和情感上断开与不必要物品的联系，去掉那些“负累”，让生活变得更加简洁与纯粹。这种哲学强调物质并不等同于幸福，消费并不能真正带来内心的满足。每个人的真正需求和幸福来源是不同的，我们不必按照社会设定的标准去追求某些物品或者生活方式。通过断舍离，我们可以重新审视物品的价值，从中去除无用、无意义的东西，保持生活和内心的清洁与纯粹。

如何实现断舍离？

1. 物品整理

物品的积累不仅占据了我们的物质空间，也占据了我们的心理空间，让我们感到烦躁和不安。实施断舍离，首先要从物品的整理开始。具体方法可以参考以下步骤：

分类整理：将家里的物品分为三类：需要的、不需要的和待定的。对于那些不再使用的物品，可以毫不犹豫地舍弃。对于待定的物品，可以先放在一个单独的箱子里，等待一段时间，如果发现自己不再需要它们，也可以一并丢弃。

每次整理一个区域：不要一开始就尝试整理整个家，可以从一个小的区域开始，比如书架、衣柜或厨房。每整理一个小区域，都能带来成就感，并帮助你逐渐适应简化生活的方式。

减少购买欲望：在整理过程中，我们还要逐步减少不必要的购买欲望。每次购物前，问自己："我真的需要这个物品吗？""它能带给我长期的价值吗？"如果答案是否定的，那么就不要购买。

2. 精简情感

物品并非唯一需要"断舍离"的东西，我们的情感和思维模式也常常让我们陷入困境。精简情感，意味着从不健康的关系、旧有的情感负担和无谓的焦虑中解脱出来。具体方法可以包括：

断开不必要的社交关系：社交关系中的负能量可能是最消耗我们精力的东西之一。如果某些关系让你感到压抑、不快乐，就果断断开。与其勉强维持一些不必要的联系，不如花更多时间在有意义的人际关系上。

释放过去的情感负担：我们每个人或多或少都背负着过去的情感包袱，或是未曾放下的伤痛，或是未实现的期待。学会放下这些负担，不再让过去的情感束缚住自己，活在当下，才能真正得到内心的自由。

学会原谅与放下：对于曾经的错误、过往的遗憾，我们要学会原谅自己和他人。只有放下过去，才能让自己腾出更多空间去迎接新的生活。

极简生活的社会价值

1. 环境效益

低碳生活：每减少1吨衣物消费，可减少3.6吨二氧化碳排放；极简主义者年均垃圾产生量比普通人低60%。

资源节约：通过共享经济减少物品重复生产；延长物品使用寿命，降低资源消耗。

2. 经济效益

降低生活成本：极简主义者年均消费支出比普通人低40%；通

过二手交易与物品共享，减少重复购买。

提升财务安全：建立应急储蓄基金，增强抗风险能力；减少负债，提升财务自由度。

3.社会效益

缓解资源分配不均：捐赠闲置物品，支持公益事业；通过共享经济促进资源流动。

重构消费文化：倡导“够用即最佳”的生活理念；抵制过度包装与计划性报废。

当然，极简生活并不是一种一成不变的生活模式，而是一种不断探索和调整的过程。每个人都可以根据自己的喜好和需求来定义自己的极简生活。也许你喜欢保留一些具有特殊意义的物品，也许你喜欢在闲暇时阅读一些书籍或观看一些电影，也许你喜欢偶尔尝试一些新的美食或旅行到一些新的地方。这些都没有问题，只要它们不会给你的生活带来过多的负担和压力。

不妨从现在开始，尝试一下极简生活吧！从断舍离开始，给自己的生活做减法。你会发现，原来生活可以如此简单与自由！

45°青年书单和影单

书单：在焦虑的夹缝中寻找答案

1. 存在主义自救指南

《妥协社会》（韩炳哲）：揭示当代人如何被“积极心理学”绑架，为“45°人生”提供批判视角。

《活下去的理由》（马特·海格）：抑郁作家分享对抗焦虑的24件小事，适合深夜emo时翻看。

《你想活出怎样的人生》（吉野源三郎）：运用心理学、哲学等知识，引导读者重新审视自己的人生观念，探讨如何活出真正有意义的人生。

《高效能人士的七个习惯》（史蒂芬·科维）：总结了七个共同的习惯，帮助读者提高个人效能，实现人生目标。对于30岁至45岁的人来说，这本书有助于提升自我管理能力，更好地平衡工作与生活。

2. 反过度竞争实用手册

《做二休五：钱少事少的都市生活指南》（大原扁理）：东京隐居青年实录，提供低欲望生活样本。

《工作、消费主义和新穷人》（齐格蒙特·鲍曼）：撕开消费主义与职场奴役的共谋关系。

《四千周》（奥利弗·伯克曼）：用“人生只有4000周”的倒计时，对抗效率焦虑。

3. 情感共鸣文学

《正常人》（萨莉·鲁尼）：两个青年的相互救赎，刻画当代亲密关系的脆弱性。

《床，沙发，我的人生》（罗曼·莫内里）：法国版安于现状、不思进取青年的自白，荒诞中透着清醒。

《素食者》（韩江）：用魔幻现实主义隐喻社会规训对个体的绞杀。

影单：在荧幕里照见自己的影子

1. 致郁系治愈片

《心灵奇旅》（2020）：皮克斯献给迷茫者的动画诗，“火花不是人生目标，是想要活着的瞬间”。

《青春变形记》（2022）：亚裔女孩的青春期焦虑与代际冲突，红色熊猫隐喻被压抑的自我。

《世界上最糟糕的人》（2021）：挪威版“45° 青年”的婚恋

与事业迷惘，北欧冷调治愈法。

2. 社会解剖纪录片

《监视资本主义：智能陷阱》（2020）：揭露社交媒体如何操控注意力，解释为何越刷手机越空虚。

《轻松自由》（2014）：法国青年拒绝工作的安逸生活实验，幽默探讨“无意义生活的合法性”。

3. 情绪共鸣小众片

《伯德小姐》（2017）：青春期少女的自我认同战争，献给所有想逃离原生家庭的人。

《濑户内海》（2016）：两个高中男生坐在河边废话连篇，诠释“无意义时光的价值”。

《燃烧》（2018）：李沧东用悬疑外壳包裹阶层寓言，“Great-Hunger”戳中精神虚无一代。

第四章
从“我不行”到“我能选”：45°心态不是嘴上说说

你知道吗？

当我们真正读懂情绪的形状，就能为心灵装上一扇“防盗门”：

它不是麻木地拒绝一切，而是学会温柔而坚定地说“不”——让焦虑的叩击停在门外，让敏感的风暴绕道而行，让内耗的杂音不再震耳欲聋。

毕竟，能轻易动摇你的，从来不是外界的风雨，而是你尚未看清的内心缺口。

当你学会与恐惧对话，那些曾让你崩溃的瞬间，终将成为照见成长的光。

不完美又怎样？停止无意义的焦虑

凌晨两点，28岁的产品经理苏夏在会议纪要文档前陷入呆滞——屏幕上的文字扭曲成密集的恐惧符号：下周的述职评审、未达标的核心数据、母亲发来的相亲倒计时。她的心跳加速，手心渗出冷汗，仿佛被抛入一场没有出口的迷宫游戏。这种状态持续了47分钟，直到她颤抖着合上电脑，吞下第三颗褪黑素。

苏夏的体验并非孤例。焦虑，这种常见的情绪反应，可能源于我们对未来的不确定感，对自我价值的怀疑，或是对生活压力的无力应对。焦虑的表现多种多样，有的人可能感到心慌意乱、坐立不安，有的人可能失眠多梦、食欲不振，还有的人可能变得孤僻沉默、出现社交障碍。无论哪种形式，焦虑都在无形中侵蚀着我们的身心健康，影响着我们的生活质量。

对于一些还在进化中的“半熟”45° 青年来说，焦虑的来源可能更加复杂。我们既渴望在职场上崭露头角，又担心自己不够优秀；既向往自由的生活，又害怕失去稳定的保障；既想追求真爱，又害怕受伤害。这些内心的矛盾和冲突，让我们在理想与现实之间徘徊不定，焦虑也随之而生。因此，如何接纳不完美，拥抱不确定性，以有效缓解焦虑，成为亟待探讨的问题。

焦虑的本质

1. 焦虑的三层认知结构

焦虑的触发机制可以从三个层面理解：

原始脑：杏仁核误判现代压力为生存威胁，导致心悸、出汗、肌肉紧张等生理反应。例如，程序员阿凯因担心代码漏洞，反复检查至凌晨，实质是原始脑将BUG等同于“被部落驱逐”的死亡威胁。

情绪脑：前额叶皮层对未来的灾难化想象，表现为“如果失业怎么办”“我肯定搞砸了”等负面思维。

社会脑：镜像神经元过度共情他人评价，产生“同事会觉得我很差劲”等社交焦虑。

2. 焦虑进化的双重面孔

焦虑并非全然负面，它具有双重功能：

适应性功能：促使原始人躲避猛兽（现代等效：截止时限前高效工作）。

病态畸变：警报系统过度敏感，将日常压力识别为“生死危机”。数据显示，现代人日均触发“战或逃”反应次数是狩猎采集时期的18倍。

认知重构

1.拆除三个认知炸弹

焦虑往往源于三种扭曲思维：

“我必须成功”：替换为“我尽力，也允许事与愿违”。每天记录三件未达预期但无灾难的事，帮助大脑接受不完美。

“不确定性很危险”：替换为“不确定中藏着可能性”。尝试策划一次无攻略的短途旅行，体验不确定性的乐趣。

“别人都在评判我”：替换为“他人更关注自己而非我”。在公司例会上故意说错一个词，观察他人反应，打破过度自我监控。

2.建立“45°期望值”模型

焦虑往往源于对结果的过高期待。可以采用以下公式调整期望值：

实际表现=能力×努力×随机变量

例如，在述职汇报中准备80分内容，接受±20分的现场波动；在社交聚会中设定“认识一个新朋友”，而非“让所有人喜欢我”。实验数据显示，采用该模型者，任务焦虑指数下降58%。

行为实验

1. 微风险暴露疗法

通过逐步暴露于低风险情境，训练大脑适应不确定性：

社交焦虑：从向便利店店员多问一个问题开始，逐步进阶到在会议上主动提出反对意见。

职业焦虑：先提交一份故意不完美的方案，再尝试向上司申请参与高风险项目。

健康焦虑：停用运动手环1天，逐步接受体检报告中的边缘指标。

操作时需从焦虑强度3/10的事件开始，每次挑战后记录生理反应变化（如心率从每分钟120次降至90次）。

2. 不确定性驯化游戏

通过游戏化方式培养对不确定性的适应力：

骰子决策法：让随机性介入日常选择。例如，晚餐选项，1、2外卖，3、4做饭，5、6新餐馆探索；周末计划，单数日宅家，双数日外出。

失控创作实验：用随机词生成器写诗（如“电梯/苔藓/量子纠缠”），或跟随陌生人的动线行走30分钟，体验失控中的创造力。

神经可塑性训练

1. 脑波调频技术

焦虑状态与特定脑波频率相关，可通过以下方式调节：

过度警觉：高频β波（14～30Hz）主导时，听432Hz频率音乐，诱导α波放松。

灾难化思考：前额叶皮层低活跃度时，通过正念呼吸激活背外侧前额叶。

身体化症状：自主神经系统失衡时，进行渐进式肌肉放松训练。

2. 推荐工具：

Muse头环：实时监测脑波，通过游戏化训练提升专注力。

Breathwrk应用：科学调节呼吸节奏，5分钟降低皮质醇23%。

3. 焦虑能量转化公式

将焦虑的生理唤醒重新定义为行动燃料：

手心出汗→“我的身体在调动能量应对挑战”。

心跳加速→“心脏在为大脑输送更多氧气”。

胃部紧缩→“消化系统暂停工作以节约资源”。

实验表明，重新解读症状后，演讲焦虑者的表现流畅度提升41%。

45° 焦虑管理工具箱

1. 动态评估系统

通过以下工具实时监控焦虑状态：

焦虑温度计：每日三次用110分评估焦虑水平，绘制波动曲线。

压力源拆解表：将压力事件拆解为可控与不可控因素，制定针对性行动方案。例如，项目汇报中，准备程度和练习次数是可控因素，评委偏好和设备故障是不可控因素，行动方案可以模拟演练5次并备份PPT。

2. 54321接地技术

54321接地技术是一种有效的正念练习，旨在帮助个体在焦虑或恐慌时刻重新聚焦于当下，缓解过度的担忧和紧张的情绪。如何进行54321接地练习：

观察五个事物：环顾四周，注意到五个你能看到的物体。这可以是任何东西，如桌子上的笔、窗外的树、墙上的画等。

触摸四个物体：感受四个你能触摸到的物体。这可以是你手中的手机、座椅的扶手等。

听到三种声音：注意到三种你能听到的声音。这可以是远处的汽车声、空调的嗡嗡声，或是你自己呼吸的声音。

闻到两种气味：识别出两种你能闻到的气味。这可以是咖啡的香味、空气清新剂的气味，或是你衣服上的香水味。

品尝一种味道：注意到你口中能品尝到的一种味道。这可以是口腔中的清新感，或是你刚刚吃过的食物的余味。

存在主义药方

1. 焦虑的哲学透视

从哲学角度理解焦虑，可以缓解其压迫感：

加缪《西西弗斯神话》：承认生活的荒诞性，但“登上顶峰的斗争本身足以充实人心”。

海德格尔“向死而生”：意识到生命有限性，反而能挣脱过度规划的枷锁。

庄子“无用之用”：树木因不成材免遭砍伐，接纳“不完美”是生存智慧。

2. 构建个人意义锚点

通过以下方式建立意义感，对抗焦虑：

创造型意义：通过写作、绘画、编程等创作活动，建立超越性价值。

联结型意义：通过深度陪伴家人或参与公益，对抗存在主义孤独。

体验型意义：通过旅行或学习新技能，拓宽自我边界，稀释焦虑浓度。

如何从失败中夺回人生主动权？

在东京奥运会男子跳高决赛赛场上，意大利选手坦贝里与美国选手巴恩斯共同跃过2.37米的高度，当裁判宣布两人共享金牌时，坦贝里突然跪地掩面痛哭。这个曾因脚踝重伤错过里约奥运会的运动员，用五年时间在病床上重塑身体与心灵，最终用最戏剧性的方式证明：人生真正的失败不是跌倒，而是拒绝重新站起。这个震撼人心的故事揭示了一个普世真理——挫折与失败不是命运的终点，而是锻造强者的熔炉。下面我们来探讨如何建立积极心态，将逆境转化为成长动能。

重新定义挫折与失败

1. 挫折是成长的必经之路

挫折和失败并不是人生的“污点”，而是成长的“阶梯”。心理学家卡罗尔·德韦克提出的“成长型思维”理论指出，拥有成长型思维的人会将挫折视为学习的机会，而不是对自身能力的否定。例如，爱迪生在发明电灯的过程中失败了上千次，但他说："我没有失败，我只是发现了一千种行不通的方法。"这种认知方式让他最终取得了成功。

实践方法：将"失败"转化为"学习"

①每次遇到挫折时，拿出一张纸，写下三个问题：

这次经历让我学到了什么？

我发现了哪些需要改进的地方？

下次遇到类似情况，我会怎么做？

②将答案整理成"失败学习笔记"，定期回顾。

2. 失败是成功的前奏

许多成功人士的背后都有一段失败的经历。J.K.罗琳在出版《哈利·波特》之前被拒绝了12次，但她从未放弃。失败并不是终点，而是通向成功的必经之路。每一次失败都让我们离目标更近一步。

实践方法：制作"失败清单"

①创建一个电子表格或拿出笔记本，记录每次失败的经历。

②记录内容包括：事件描述、失败原因、改进措施、后续进展。

③每月复盘一次，观察自己的成长轨迹。

3. 挫折是人生的"疫苗"

心理学家研究发现，适度的挫折可以增强心理韧性，就像疫苗可以增强免疫力一样。经历过挫折的人，往往更能应对未来的挑战。

实践方法：主动接受小挫折

①每周尝试一件有挑战性但风险可控的事情，例如：在公开场合发言、学习一项新技能（如编程、绘画）、向陌生人请求帮助。

②记录尝试过程中的感受和收获。

情绪管理：从崩溃到平静

1. 接纳负面情绪

面对挫折时，产生负面情绪是正常的。压抑情绪只会让问题更严重，而接纳情绪则是解决问题的第一步。心理学家卡尔·荣格曾说：“你所抗拒的，会持续存在；你所接纳的，会逐渐消散。”

实践方法：情绪表达练习

①准备一个“情绪日记本”，每天花5分钟写下：

今天让我感到_______（情绪词），因为_______（具体事件）。

这种情绪对我的影响是_______。

我可以做些什么来缓解这种情绪？

②每周回顾一次，观察情绪变化的规律。

2. 运用“90秒法则”

神经科学研究表明，情绪的生理反应通常只持续90秒。在这90秒内，我们可以通过深呼吸、数数或转移注意力来平复情绪。

实践方法：

①情绪激动时，立即停下手中的事情，进行以下步骤：

深呼吸10次（每次均吸气4秒，憋气4秒，呼气6秒）。

默数“1吸—2呼”，专注于呼吸节奏。

用冷水洗脸或喝一杯温水，帮助身体冷静。

②90秒后，重新评估当前情况。

3. 建立情绪急救包

提前准备一些能让自己快速恢复情绪的方法，例如，听一首喜欢的歌、看一段搞笑视频或与朋友聊天。

实践方法：

①在手机备忘录中保存“情绪急救清单”，内容包括：

治愈系：搞笑视频、萌宠照片、励志语录。

行动系：运动计划、技能学习链接、心理咨询热线。

社交系：朋友联系方式、支持小组信息。

②情绪低落时，随机选择一项执行。

行动策略：从困境中突围

1. 分解问题，制定小目标

我们面对巨大的挫折时，很容易感到无力。将大问题分解为小目标，可以让我们更容易找到突破口。例如，如果失业了，可以先更新简历，再联系猎头，最后参加面试培训。

实践方法：

①用“SMART原则”制定具体、可衡量、可实现的目标。

②每天完成一个小任务，积累成就感。

2. 寻求支持，建立互助网络

没有人是一座孤岛。在遇到挫折时，向家人、朋友或专业人士寻求帮助，可以让我们更快走出困境。

实践方法：

①定期与信任的人分享自己的感受和困惑。

②加入兴趣小组或专业社群，扩大支持网络。

3. 尝试新方法，打破僵局

如果一种方法行不通，不妨尝试其他方式。例如，如果求职屡屡受挫，可以考虑学习新技能或转换行业。

实践方法：

①列出所有可能的解决方案，逐一尝试。

②记录每次尝试的结果，优化策略。

长期心态建设：培养心理韧性

1. 建立“微习惯”系统

微习惯是指每天完成一些微小但有益的行动，例如，读一页书、做5分钟运动。这些行动虽然简单，但长期坚持可以显著提升心理韧性。

实践方法：

①每天完成3件微小但有意义的事。

②用打卡工具记录每日进展，形成正向反馈。

2. 培养“胜利者回忆”

定期回顾过去的成功经历，可以增强自信心和抗挫能力。

实践方法：

①建立“成功日记”，记录每天的小成就。

②每月回顾一次，总结成长与进步。

3. 练习“感恩心态”

感恩可以让我们更关注生活中的积极面，减少对挫折的过度关注。

实践方法：

①每天睡前记录3件感恩的事。

②定期向帮助过自己的人表达感谢。

特别场景应对指南

1. 职场受挫

被领导批评：用“三明治话术”回应：“感谢指出（积极）+我的理解是……（复述）+改进方案（行动）”。

同事排挤：记录具体事件，分析背后动机，测试应对策略。

2. 学业压力

考试失利：制作“错题进化表”，分析错误原因，关联生活案例。

学习瓶颈：尝试“番茄工作法”，每25分钟专注学习之后，休息5分钟。

3. 情感创伤

失恋疗愈：执行“21天重生计划”，每天销毁一件恋爱物品，尝试一件新事物。

友情破裂：用“情绪剥离法”写下客观事实与非事实猜测，聚焦可改变的部分。

挫折和失败是人生的一部分，但它们并不是终点，而是成长的契机。下次遇到挫折时，先做这三件事——

摸一下口袋里的抗挫锦囊（哪怕只是手机里的备忘录）；

完成一个30秒就能做到的小胜利（如喝口水、拉伸肩颈）；

对镜子说：“又有升级打怪的新素材了！”

处理挫折就像吃重庆火锅——被辣到流眼泪时，喝口冰粉继续涮毛肚才是正确姿势。当把这些方法变成肌肉记忆，你会发现：原来那些让你哭泣的挫折，终将成为下酒时笑着讲的故事。

幸福感不是运气，是一种选择

在快节奏的现代社会中，许多人被工作、学业、家庭等多重压力裹挟，常常感到疲惫不堪，甚至迷失了生活的意义。45° 青年既不想被过度竞争压垮，也不愿彻底安于现状，他们渴望在忙碌与闲适之间找到平衡，活出属于自己的幸福感。幸福感并非遥不可及，它源于对生活的觉察、对当下的珍视以及对自我的接纳。

认识幸福

1. 幸福的本质

幸福，是一种内心的感受，是对生活满意度的主观评价。它不仅仅来源于物质的满足，更多的是精神层面的富足。幸福，是当你醒来时，对新的一天充满期待；是当你工作时，能够全身心投入并享受其中；是当你与家人朋友相处时，感受到的温暖与爱。

2. 幸福的误区

误区一： 幸福等于拥有更多。很多人认为，拥有更多的财富、更高的地位、更美的外貌就能获得幸福。然而研究表明，当基本生活需求得到满足后，物质的增加对幸福感的提升作用边际递减。

误区二： 幸福在未来。我们总是习惯把幸福寄托在未来，认为等我完成了这个项目、赚够了钱、买了房子，我就会幸福。但未来永远在路上，如果我们不学会在当下寻找幸福，那么幸福将永远遥不可及。

误区三： 幸福是别人的事。我们常常羡慕别人的生活，觉得别人比自己幸福。其实，幸福是一种主观感受，每个人的幸福标准都不同，比较只会让我们失去对当下生活的珍惜。

活在当下：珍惜眼前的每一刻

1. 练习正念，回归当下

正念是一种专注于当下的心理状态，能够帮助我们减少焦虑，提升幸福感。研究表明，正念练习可以显著降低压力水平，改善情绪调节能力。

具体方法：

每日5分钟正念呼吸： 找一个安静的地方，闭上眼睛，专注于呼吸的节奏。感受空气进入鼻腔，充满肺部，再缓缓呼出。如果注意力分散，轻轻将它拉回呼吸上。

正念饮食： 吃饭时放下手机，专注于食物的味道、口感和香气，感受每一口的满足感。

正念行走： 散步时注意脚底与地面的接触，感受身体的移动和周围的环境。

2. 记录生活中的小确幸

幸福感往往隐藏在生活的细节中。通过记录每天的小确幸，我们可以更敏锐地捕捉到生活中的美好。

具体方法：

小确幸日记： 每天睡前写下三件让你感到开心或感激的小事，例如“今天喝了一杯好喝的咖啡”“同事夸我工作效率高”。

拍照打卡： 用手机拍下每天让你感到幸福的瞬间，例如，阳光下的花朵、一顿美味的晚餐。

培养积极情绪：让快乐成为习惯

1. 感恩练习

感恩是一种强大的积极情绪，能够显著提升幸福感。研究表明，经常表达感恩的人更容易感到满足和快乐。

具体方法：

感恩日记： 每天写下三件让你感到感激的事，例如“感谢朋友的关心”“感谢今天的阳光”。

感恩行动： 每周向一位帮助过你的人表达感谢，可以是口头表达，也可以是一封感谢信。

2. 培养幽默感

幽默感是应对压力的有效工具，能够帮助我们以轻松的心态面对生活中的挑战。

具体方法：

观看喜剧： 每周看一部喜剧电影或脱口秀，让自己开怀大笑。

记录趣事： 每天记录一件让你觉得有趣的事，例如“今天地铁上有人戴着搞怪的帽子”。

3. 设定小目标，享受成就感

完成小目标能够带来即时的成就感，提升幸福感。

具体方法：

每日小目标： 每天设定一个容易完成的小目标，例如，“读完某本书中的一个章节”“整理书桌”。

奖励机制： 每完成一个小目标，给自己一个小奖励，例如，吃一块巧克力或看一集喜欢的剧。

建立健康生活方式

1.规律运动

运动能够促进大脑释放内啡肽，提升情绪，缓解压力。

具体方法：

每日运动： 每天进行30分钟中等强度的运动，例如，快走、跑步。

运动社交： 加入运动社群，与朋友一起锻炼，增加社交互动。

2. 健康饮食

饮食对情绪和幸福感有着重要影响。均衡的饮食能够提供身体所需的营养，提升整体状态。

具体方法：

均衡饮食： 每天摄入足够的蔬菜、水果、蛋白质和健康脂肪。

减少糖分： 减少高糖食物的摄入，避免情绪波动。

3. 充足睡眠

睡眠是身心恢复的重要过程，充足的睡眠能提升情绪和幸福感。

具体方法：

规律作息： 每天固定时间上床和起床，形成生物钟。

睡前放松： 睡前1小时避免使用电子设备，可进行冥想或阅读。

构建支持系统

1. 建立深度关系

良好的人际关系是幸福感的重要来源。与家人、朋友建立深度连接，能够让我们感受到归属感和支持。

具体方法：

定期联系： 每周与家人或朋友进行一次深度交流，分享彼此的生活和感受。

共同活动：定期与朋友一起活动，例如，聚餐、旅行或运动。

2. 参与社群活动

加入兴趣社群或志愿者组织，能够让我们找到志同道合的人，增强归属感。

具体方法：

兴趣社群：加入与自己兴趣相关的社群，例如读书会。

志愿服务：定期参与志愿者活动，帮助他人，提升自我价值感。

3. 寻求专业支持

当感到压力过大或情绪低落时，寻求心理咨询师或其他专业人士的帮助，能够让我们更快走出困境。

具体方法：

心理咨询：定期与心理咨询师交流，梳理情绪和压力。

职业辅导：在职业发展遇到瓶颈时，寻求职业顾问的帮助。

幸福感并非遥不可及，它源于对生活的觉察、对当下的珍视以及对自我的接纳。通过觉察当下、培养积极情绪、建立健康生活方式和构建支持系统，我们可以在45° 人生中找到属于自己的幸福密码。幸福不是终点，而是旅程中的每一刻。愿你在忙碌与闲适之间，找到属于自己的平衡，活出充满幸福感的人生。

45° 青年语录集锦

自嘲与调侃篇

1.“在安于现状和过度竞争之间纠结，45° 卡在中间，像极了几何题里的尴尬角。”

2.“别人是斜杠青年，我是45° 青年——斜得不够彻底，直得不够坦荡。”

3.“真正的‘45° 哲学’：间歇性亢奋，持续性消极，主打一个薛定谔的奋斗。”

清醒与反思篇

1.“人生不是90° 冲刺，也不是180° 消极，45° 的智慧在于动态调整。”

2.“与其被定义成‘卷王’或‘废柴’，不如活成自己的坐标系。”

3.“45° 不是妥协，是看清现实后的理性蓄力——向下扎根，向上试探。”

4. “我们不是不想赢，只是不想在别人的规则里耗尽青春。”

戏谑与解构篇

1. “45° 日常：早起想躺，躺下想卷，最后选择刷手机到凌晨三点。”

2. “45° 青年的终极目标：用最小的角度，撬动最大的躺赢概率。”

3. “人生就像仰卧起坐，45° 的状态最费腰——但至少证明我还活着。”

4. “专家说‘45° 是伪概念’，我们答‘伪就伪吧，总比被定义成废物强’。”

诗意与哲思篇

1. “半卷的诗稿，半躺的月光，45° 的青春在理想与现实的夹缝中野蛮生长。”

2. “我们是被时代折叠的一代，以45° 的倾斜，折射出光怪陆离的生存光谱。”

3. “45° 不是终点，而是起跑姿势——蹲下是为了更好地冲刺。”

4. “真正的勇士，敢于直面45° 的人生，并在摇摆中保持平衡。”

第五章

45° 生存战：可以不抢跑，但必须动起来

缺乏方向的奔跑，终究难以抵达理想的终点。

唯有先锚定人生的坐标，才能在逐梦之路上积蓄持续向前的动能。

若想探寻属于自己的人生航向，不妨将目光投向内心热爱的领域——那些令你沉浸其中的兴趣，往往藏着指引方向的星光。

找到热爱，就是人生拐点

在人生的旅途中，找到自己的热爱并为之坚持，是许多人梦寐以求的目标。然而，现实往往充满迷茫和不确定性，许多人被生活的压力和外界的期待裹挟，逐渐迷失了方向。下面我们将从自我探索、行动实践等方面，分享如何找到人生方向并为之坚持的具体方法，帮助你在45° 人生中找到属于自己的热爱与方向。

自我探索：发现内心的声音

1. 倾听内心的兴趣与热情

找到热爱的第一步是倾听内心的声音，了解自己真正感兴趣的事物。兴趣是热爱的种子，只有找到它，才能为人生方向奠定基础。

具体方法：

兴趣清单： 列出你从小到大感兴趣的事物，无论是职业、爱好，还是生活方式。例如，写作、绘画、编程、旅行等。

热情测试：

做什么事情时，你会忘记时间？

什么事情让你感到兴奋和满足？

如果没有限制，你最想尝试什么？

回忆高光时刻：回顾过去让你感到有成就感和满足感的经历，分析其中的共同点。如小张通过回忆发现自己小时候喜欢写作，大学时曾在校报发表文章，于是尝试自媒体创作。

2. 识别核心价值与人生目标

核心价值是指导我们做出选择的内在标准，而人生目标则是我们追求的方向。明确自己的核心价值和人生目标，能够帮助我们找到真正热爱的事物。

具体方法：

价值排序：列出你认为最重要的10个价值观（例如，自由、创造力、家庭、健康等），并进行排序。

目标设定：根据核心价值，设定短期目标和长期目标。例如，如果“创造力”是你的核心价值，可以“每年完成一个创意项目”；如果“帮助他人”是你的核心价值，可以从事公益事业。

愿景板：制作一个愿景板，贴上与你的人生目标和核心价值相关的图片和文字，每天提醒自己。

3. 尝试新事物，拓宽视野

有时候，因为视野有限，我们并不知道自己真正热爱什么。通过尝试新事物，我们可以发现潜在的兴趣和热情。

具体方法：

每月一挑战： 每个月尝试一件从未做过的事情，例如，学习一门新语言、参加一次公开演讲、尝试一项新运动。

兴趣社群： 加入与自己兴趣相关的社群，例如，读书会、摄影群、编程社区，与志同道合的人交流。

职业体验： 通过实习、兼职或志愿活动，体验不同的职业领域。

从热爱到行动

1. 制订可行的行动计划

找到热爱后，下一步是制订可行的行动计划，将热爱转化为具体的行动。

具体方法：

SMART目标： 设定具体（Specific）、可衡量（Measurable）、可实现（Achievable）、相关性（Relevant）、有时限（Time-bound）的目标。例如，“在未来6个月内完成一本小说初稿”。

任务分解： 将大目标分解为小任务。例如，完成小说初稿可以分解为“每天写500字”“每周完成一章”。

时间管理：为每个任务分配时间，使用日历或任务管理工具（如Todoist、Trello）进行跟踪。

2. 建立支持系统

在追求热爱的过程中，支持系统能够为我们提供动力和帮助。

具体方法：

寻找导师：找到在你感兴趣的领域有经验的人，向他们请教和学习。

加入社群：加入与你的热爱相关的社群，与志同道合的人交流经验和资源。

分享进展：定期与家人、朋友分享进展，获得他们的支持和鼓励。

3. 接受反馈，持续改进

反馈是成长的重要工具，能够帮助我们发现问题并改进。

具体方法：

主动寻求反馈：定期向导师、同事或朋友寻求反馈，了解自己的优点和不足。

反思与调整：根据反馈进行反思，调整自己的行动计划。例如，如果发现写作效率低，可以尝试新的写作方法。

记录成长：定期记录自己的成长和进步，增强信心。

长期坚持

1. 坚定信念，不忘初心

在追求梦想的过程中，我们可能会遇到各种诱惑和干扰。坚定信念，不忘初心是我们保持方向、不迷失自我的重要品质。时刻提醒自己为什么选择这条路，为什么要坚持这个梦想，让自己始终保持对梦想的热爱和追求。

2. 培养毅力和耐力

找到热爱并为之坚持需要莫大的毅力和耐力。在追求梦想的路上，我们可能会遇到无数的困难和挑战，但只要我们保持坚定的毅力和耐力，就一定能够克服一切困难，实现自己的梦想。

3. 享受成果，分享喜悦

当我们终于找到热爱并为之坚持到最后时，我们会收获满满的成果和喜悦。学会享受这些成果，分享自己的喜悦和成就感，让我们的人生更加美好和充实。同时，也要感谢那些一路陪伴我们走来的人，他们的支持和鼓励是我们不断前进的动力源泉。

找到热爱并为之坚持，是45°青年在探索人生方向中的重要课题。热爱不是一蹴而就的，它需要我们在探索中不断尝试、在挫折中不断成长。愿你在追求热爱的旅途中，找到属于自己的光芒，并为之坚持到底。

戒掉拖延，别让“明天再做”毁了你

在现代社会，拖延症已成为许多年轻人面临的普遍问题。拖延症，这个无声无息却威力巨大的“时间小偷”，悄然侵蚀着我们的生活和事业。它让我们在计划与现实之间徘徊，将“明天再做”作为逃避今天的借口。久而久之，那些曾经热血沸腾的梦想，那些信誓旦旦的目标，都因一次次的拖延而渐渐褪色，最终化为泡影。下面我们将深入探讨如何克服拖延症，让制定的目标不再只是空中楼阁，而是成为我们脚踏实地、步步为营的行动指南。

认识拖延：自我审视的镜子

1. 恐惧与逃避

很多时候，拖延是因为我们害怕面对挑战，害怕可能失败的结果。这种恐惧让我们选择逃避，用拖延作为自我保护的外壳。

2. 完美主义陷阱

追求完美本身并非坏事，但当它成为拖延的借口时，就变成了一个陷阱。总是等待“最佳时机”开始，结果往往是永远没有开始。

3. 动力不足

目标不明确或缺乏足够的激励，会让我们缺乏行动的动力。没有动力的目标，就像没有燃料的火箭，无法升空。

4. 任务管理不当

面对复杂或庞大的任务时，我们可能会因为不知从何下手而选择拖延。缺乏有效的任务分解和时间管理，是拖延的温床。

设定目标：梦想的启航点

克服拖延，从设定明确、可衡量的目标开始。目标是行动的灯塔，指引我们穿越拖延的迷雾，向着梦想的彼岸前进。

1. 制定SMART目标

SMART原则：制定目标时，遵循SMART原则能让目标更加清晰可行。

具体：目标需要具体明确，比如，“我要减肥”不如“我要在三个月内减掉10斤”。

可衡量：为目标设定可衡量的标准。例如，“每天跑步30分钟”比“多运动”更具体。

可实现：目标应具有挑战性但又不至于遥不可及。

相关性：目标应与你的长期规划或核心价值相关。例如，如果健康是你的核心价值，减肥目标就与之相关。

有限：为目标设定明确的截止日期。例如，“我要在6个月内完成一本小说初稿”。

2. 视觉化目标

将目标写下来，并配以图片或愿景板，让目标变得可见可感。每天看看这些视觉化的提醒，增强实现目标的动力。

3. 分解目标

将大目标分解为一系列小步骤，每完成一步都是向最终目标迈进的一步。小步骤更容易执行，也能减少拖延的机会。

行动计划：从想法到实践的桥梁

有了明确的目标，接下来就是制订详细的行动计划。行动计划是连接梦想与现实的桥梁，它让目标不再是遥不可及的幻想，而是可以通过一步步努力实现的蓝图。

列出任务清单：将所有需要完成的任务一一列出，无论大小。这有助于厘清思路，避免遗漏。

优先级排序：根据任务的紧急程度和重要性进行排序，优先处理那些既紧急又重要的任务。

设定截止日期： 为每个任务设定具体的截止日期，并尽量遵守。截止日期是克服拖延的有效工具。

制订日程安排： 将任务分配到每天的日程中，确保每天都有明确的工作计划。使用日历、待办事项列表或时间管理工具来帮助你跟踪进度。

小块时间管理： 采用番茄工作法或其他时间管理技巧，将工作时间分割成小块，每块时间专注于一项任务。这有助于提高集中力，减少拖延。

动力激发：点燃内心的火焰

动力是克服拖延的关键。没有动力的目标，就像没有灵魂的躯壳，难以持久。激发内在动力，让行动成为自然而然的选择，而非强迫。

找到内在动机： 思考为什么这个目标对你如此重要？实现它将如何改变你的生活？找到那些深层次的、个人化的原因，让它们成为你前进的动力。

奖励机制： 为自己设定奖励，每当完成一个小目标或任务时，就给予自己一些奖励。这些奖励可以是休息一会儿、看一集喜欢的电视剧，或是享受一顿美食。奖励机制能增强积极行为，减少拖延。

社会支持： 告诉家人、朋友或同事你的目标和计划，寻求他们的监督、支持和鼓励。有时候，外界的监督和支持能成为你克服拖延的强大动力。

可视化成功：想象自己实现目标后的情景，感受那份成就感和喜悦。这种正面的视觉化有助于激发动力，减少拖延。

克服障碍：跨越拖延的鸿沟

在追求目标的道路上，难免会遇到各种障碍和挑战。这些障碍可能是外部的，如时间限制、资源不足；也可能是内部的，如恐惧、自我怀疑。学会克服这些障碍，是战胜拖延、实现目标的关键。

1. 识别障碍

首先，要清醒地认识到阻碍你前进的是什么，是时间管理不当，是缺乏技能，还是内心的恐惧？明确障碍，才能对症下药。

2. 制订应对策略

针对识别出的障碍，制订具体的应对策略。比如，如果时间管理不当，可以尝试使用时间管理工具；如果缺乏技能，可以报名参加培训课程；如果是内心的恐惧，可以通过心理咨询或自我激励来克服。

3. 保持灵活

计划赶不上变化，遇到障碍时，要保持灵活性，适时调整目标和计划。不要因为一时的挫折而放弃，而是要学会适应变化，继续前行。

习惯养成：从拖延到行动的转变

习惯的力量是巨大的。一旦养成了良好的行为习惯，拖延就会逐渐淡出你的生活，取而代之的是高效、自律和成就感。

1. 坚持21天法则

据说，养成一个新习惯需要21天的时间。在这21天里，坚持执行你的行动计划，无论遇到什么困难都不要放弃。21天后，你会发现，新的行为模式已经悄然融入你的生活。

2. 建立日常仪式

为每天的开始和结束设定一些固定的仪式，比如，早起晨练、晚上复盘。这些仪式能帮助你进入工作状态，减少拖延的机会。

3. 自我监督与反馈

定期回顾自己的行动，记录哪些做得好，哪些需要改进。自我监督能增强自我意识，帮助你更好地管理自己的行为。

4. 环境优化

创造一个有利于行动的环境，减少诱惑和干扰。比如，清理工作桌面、关闭不必要的通知、设定专注时间等。

在克服拖延的征途上，你可能会遇到挫折，可能会感到疲惫，但请记住，每一次的坚持，都是对自我的超越；每一次的努力，都是向梦想的迈进。不要害怕失败，因为失败只是成功路上的垫脚石；不要畏惧挑战，因为挑战是成长的催化剂。勇敢地迈出那一步，从拖延到行动，从梦想到现实，你的未来，由你来定义！

涨薪？转型？你需要的不是努力而是竞争力

技术的迭代、行业的变革和市场的需求不断刷新着“必备技能清单”，45° 青年既不愿被焦虑裹挟盲目跟风，也不甘停滞不前被时代淘汰。如何高效学习新技能，并将其转化为个人核心竞争力呢？

精准定位：找到值得投入的技能

1. 技能筛选四象限法则

市场需求分析：

使用LinkedIn人才趋势报告、BOSS直聘行业热词，筛选所在领域3年内需求增长超过30%的技能。

关注政策文件（如“十四五”规划）、行业白皮书（如《人工智能发展报告》），锁定国家战略级技术方向。

个人适配度评估：

兴趣匹配：用“心流测试”记录从事不同活动时的专注度与愉

悦感。

能力迁移：绘制“技能迁移地图”，例如，文案工作者学习Python可强化数据分析能力。

资源盘点：评估时间、金钱、人脉等资源投入可行性。

2. 构建技能组合模型

T型人才结构：

垂直深度：在专业领域深耕（如金融分析师考取CFA）。

横向拓展：学习跨界技能形成组合优势（如程序员学习产品思维）。

π型能力矩阵：

第一支柱：核心专业能力（如律师的法律实务）。

第二支柱：新兴技术能力（如法律科技应用）。

横梁：通用软技能（如谈判沟通、项目管理）。

资源突围：打造高效学习系统

1. 在线课程实战攻略

课程筛选五步法：

看平台：优先选择Coursera（学术认证）、Udemy（实战导向）、网易云课堂（本土化案例）。

查大纲：确认课程是否包含“项目实战→代码审查→作品集指

导”闭环。

测师资：LinkedIn检索讲师是否具备行业一线经验。

比评分：重点阅读3星评价，识别课程潜在缺陷。

试听验货：利用免费试听期验证教学风格适配度。

学习增效技巧：

倍速控制法：理论部分1.5倍速，实操演示正常速，重点章节反复观看。

笔记模板化：使用康奈尔笔记法分区记录“知识点→案例→疑问”。

社群共学制：组建3～5人学习小组，每周进行案例拆解与代码互审。

2. 书籍阅读破局指南

选书三维度：

经典性：选择再版超过5次的行业奠基之作。

前沿性：关注TED演讲者、行业领军人物近3年新作。

实操性：优选含checklist（清单）、模板工具包的实战手册。

高效阅读法：

量子阅读法：5分钟速览目录、前言、结语，建立认知框架；针对薄弱章节精读，其余部分泛读；用思维导图输出知识图谱。

费曼输出法：向非专业人士讲解核心概念；录制3分钟短视频阐

释书中观点；将理论应用于实际工作场景。

成果转化：让技能产生复利价值

1. 构建作品矩阵

内容载体选择：

视觉系技能：Behance/Dribbble作品集+过程动效展示。

技术系技能：GitHub代码库+技术博客+Stack Overflow回答。

分析系技能：Notion知识库+Substack行业通信。

影响力放大器：

将学习笔记转化为知乎专栏/公众号系列文章。

把课程项目升级为CaseStudy进行公开分享。

录制“从0到1”技能教学视频发布到B站。

2. 建立反馈循环

量化评估体系：

输入指标：每日学习时长、课程完成度、代码提交量。

输出指标：作品访问量、技术博客订阅数、面试邀约率。

能力雷达图：每季度更新技能掌握程度可视化图表。

专家评议机制：

在专业交流平台发起“作品求狠批”话题。

参与行业线下Meetup进行作品路演。

通过LinkedIn私信领域专家获取针对性建议。

持续进化：打造终身学习引擎

1. 构建学习微生态

信息源管理：

核心期刊： 订阅《Harvard Business Review》《Nature》等顶级刊物。

新闻聚合： 用Inoreader定制行业关键词RSS订阅。

人脉网络： 加入TGO鲲鹏会等高端技术社群。

碎片时间利用：

通勤时段收听《硅谷101》《商业就是这样》播客。

午休时间完成Duolingo语言打卡。

睡前浏览arXiv最新论文摘要。

2. 抗遗忘训练系统

技能保鲜计划：

每月进行“技能压力测试”（如限时编码挑战）。

参与HackerRank、Kaggle等竞赛平台实战。

定期向ChatGPT传授所学知识，检验掌握程度。

跨技能嫁接：

用机器学习优化个人投资组合。

将设计思维应用于家庭装修规划。

通过剧本写作提升技术文档可读性。

狠人都在“偷”时间

在快节奏的现代生活中，时间仿佛成了最稀缺的资源。我们每个人都拥有相同的时间——每天24小时，但为何有些人总能高效完成任务，还拥有丰富的个人生活，而有些人整天忙得团团转，却收效甚微？答案在于时间管理的差异。面对纷繁的任务、无尽的干扰和突如其来的计划外事件，如何高效利用时间成为每个人的必修课。

时间管理的重要性

时间管理不仅仅是安排日程那么简单，它更是一种生活态度，一种追求高效与平衡的艺术。

提高效率：通过合理规划，减少拖延和无效劳动，让每一分钟都发挥最大价值。

减轻压力：有序的生活和工作能显著减少焦虑感，让你更加从容面对挑战。

提升生活质量：腾出更多时间用于个人兴趣、家庭生活和朋友聚会，使生活更加丰富多彩。

促进职业发展：高效的时间管理能让你在职场上脱颖而出，成为团队中的佼佼者。

时间管理的常见误区

完美主义陷阱：追求每个任务都完美无瑕，结果往往导致时间浪费在细枝末节上。

多任务处理：同时处理多个任务看似高效，实则降低了工作质量和效率。

过度规划：计划过于详细和死板，缺乏灵活性，一旦有突发情况就全盘打乱。

忽视休息：长时间连续工作会导致疲劳累积，反而降低效率。

高效时间管理的方法

1. 番茄工作法

番茄工作法是一种简单而有效的时间管理方法，由弗朗西斯科·西里洛于20世纪90年代提出。它的核心在于将工作时间分割成25分钟的小段，每段称为一个“番茄钟”，之后休息5分钟，每完成四个番茄钟后，进行一次较长时间的休息（15～30分钟）。

实施步骤：

选择任务：明确你要完成的任务，并将其分解为可执行的小步骤。

设定番茄钟：开始一个25分钟的计时器，全神贯注于当前的任务。

记录中断：如果在番茄钟内被打断，记录下中断原因，稍后处理。

短暂休息：5分钟休息，远离工作，放松身心。

长休息：每完成四个番茄钟后，进行更长时间的休息。

优势：

提高专注力：短时间的集中工作有助于保持高度专注。

减少疲劳：定期休息有助于预防精神疲劳。

增强成就感：每完成一个番茄钟都会带来小小的成就感，激励继续前进。

2. 优先级矩阵

艾森豪威尔矩阵，又称优先级矩阵，是一种帮助区分任务紧急程度和重要性的工具。它将任务分为四类：

紧急且重要：立即做。

重要但不紧急：计划做。

紧急但不重要：委托做。

既不紧急也不重要： 减少做或不做。

实施步骤：

列出所有任务： 将待办事项一一列出。

评估任务： 根据紧急性和重要性将任务放入矩阵的相应区域。

制订计划： 根据评估结果，优先处理紧急且重要的任务，为重要但不紧急的任务制订计划，考虑委托或减少紧急但不重要的任务，避免既不紧急也不重要的任务。

优势：

明确重点： 帮助你清晰识别哪些任务真正值得投入时间。

提高效率： 确保时间用在刀刃上，减少无效劳动。

3. 时间阻塞

时间阻塞是一种将相似任务集中在一起处理的时间管理策略。比如，将所有的电话会议安排在一天的某个时段，或集中时间回复邮件。

实施步骤：

识别任务类型： 将任务按性质分类，如会议、邮件处理、创作、行政工作等。

安排时间段： 在日程中为每种任务类型分配固定时间段。

专注执行： 在指定的时间段内，只专注于该类任务，避免切换。

优势：

减少切换成本： 频繁切换任务会消耗大量精力，时间阻塞能有效减少这种消耗。

提升效率： 批量处理能利用“流状态”，提高工作效率。

4. 每日三件事

每天开始时，列出三件你认为最重要、最能推动你向目标迈进的事情。这三件事应该是具体、可衡量的，且最好与你的长期目标相关联。

实施步骤：

确定目标： 明确你的长期目标和短期目标。

选择三件事： 根据目标，挑选出当天最重要的三件事。

优先完成： 将大部分精力和时间投入到这三件事上，确保它们得到优先处理。

优势：

保持焦点： 帮助你集中注意力于真正重要的事情上。

增强动力： 完成这三件事能带来极大的满足感和成就感，激励你继续前进。

5. 使用工具辅助

在数字化时代，合理利用时间管理工具可以大大提升效率。

日历应用： 如Google日历、Outlook日历，用于安排会议、设置提醒。

待办事项应用： 如Todoist、Things，帮助你列出任务清单，设置优先级和截止日期。

时间追踪应用： 如Toggl，用于记录你在不同任务上花费的时间，帮助你分析时间使用情况。

专注力应用： 如Forest，通过种树的方式激励你保持专注，避免分心。

选择原则：

简洁易用： 选择界面简洁、操作便捷的工具，避免复杂功能带来的额外负担。

跨平台同步： 确保工具支持多设备同步，方便你在不同场景下使用。

个性化设置： 根据个人习惯和需求，调整工具的设置，使其最符合你的使用习惯。

成为时间管理大师，并不是一蹴而就的事情，它需要持续的实践、调整和优化。同时，保持健康的生活习惯，定期回顾与调整，培养耐心与坚持，都必不可少。记住，时间是你最宝贵的资源，如何管理它，将直接决定你的生活质量和工作成就。作为45°青年，我们追求的是平衡与高效，是生活与工作的和谐共生。通过掌握时间管理的艺术，你可以更加自信地面对生活的挑战，更加从容地享受生活的美好。

45°青年挑战赛——坚持21天早睡早起挑战

打卡次数：

参与者须在连续21天内，每天完成一次早睡打卡和一次早起打卡，共计42次打卡（早睡和早起各21次）。

打卡时间：

建议早睡时间：每晚23:00前上床睡觉。

建议早起时间：每晨7:30前起床（可根据个人实际情况适当调整，但需保持每天相对一致的起床时间）。

注意事项：

灵活调整：考虑到每个人的作息习惯和身体状况不同，建议的早睡和早起时间仅供参考。参与者可以根据自己的实际情况，在合理范围内适当调整早睡和早起的时间。

保持连续：连续打卡是挑战成功的关键。参与者应尽量避免中断打卡，以养成稳定的作息习惯。

记录真实：打卡时应记录真实的早睡和早起时间，不要为了完成打卡而虚假记录。

21天早睡早起打卡表

周次	日期	早睡打卡时间	早起打卡时间	备注
第一周	周一	（如：22:30）	（如：6:45）	开始挑战，调整作息！
	周二			
	周三			
	周四			
	周五			
	周六			周末也要坚持！
	周日			
第二周	周一			保持节奏！
	周二			
	周三			
	周四			
	周五			
	周六			
	周日			

（续表）

周次	日期	早睡打卡时间	早起打卡时间	备注
第三周	周一			最后一周，冲刺！
	周二			
	周三			
	周四			
	周五			
	周六			
	周日			

打卡说明：

1.请在每天晚上睡觉前和早上起床后，分别填写“早睡打卡时间”和“早起打卡时间”。

2.备注栏可以用于记录当天的感受、调整作息的心得或者任何与挑战相关的事情。

3.保持连续打卡，不要间断。如果因特殊情况无法按时打卡，请提前说明情况，并在事后补打卡（补卡次数仅有3次）。

4.完成21天连续打卡后，你将获得挑战成功的荣誉和奖励。加油！

第六章

45° 青年：保持 45°，走出上升曲线

在时代浪潮的奔涌中，与其困于“被淘汰”的焦虑，不如主动握住趋势的罗盘。让每一次职业抉择都成为踏准时代节拍的律动，在快速更迭的世界里，通过顺应趋势、提升价值，逐步成为不可替代的“被需要者”，在变局中稳稳锚定属于自己的发展坐标。

45°不是终点，是你的新起点

在当今这个快速变化的时代，45° 青年站在人生的十字路口，面临着诸多机遇与挑战。社会发展趋势如同无形的大手，推动着各行各业的变革，也深刻影响着人们的职业选择。那么，未来社会将呈现怎样的发展趋势？又会催生出哪些热门职业呢？让我们一同来探讨。

社会发展趋势大剖析

1. 科技变革浪潮汹涌

人工智能与自动化加速前行：人工智能技术正以前所未有的速度发展，从简单的语音识别到复杂的图像分析、智能决策，AI已经渗透到生活和工作的各个角落。这意味着，许多重复性、规律性的工作将被自动化和人工智能取代，如传统的客服岗位。但与此同时，也会催生一系列与AI相关的新职业，像AI训练师，AI伦理专家等。

数字化转型全面推进：从线上办公、数字化营销到智能制造，企业的运营模式正在发生翻天覆地的变化。在制造业，数字化技术实现了生产过程的实时监控和优化，降低成本，提高产品质量。

2. 绿色环保理念深入人心

全球都在为实现碳中和目标而努力，中国也提出了明确的“双碳”目标。为了减少碳排放，新能源产业迎来了黄金发展期。太阳能、风能、水能等清洁能源的开发和利用越来越受到重视。从废旧金属到塑料、纸张等，人们越来越重视资源的回收利用，减少废弃物的产生。

3. 人口结构变化带来新机遇

老龄化社会加剧：随着人口老龄化的加剧，老年人口数量不断增加。这使得养老服务需求急剧增长，养老护理员成为紧俏职业，老年教育行业也迎来了发展机遇。

Z世代消费崛起：Z世代逐渐成为消费的主力军，他们追求个性化、体验式消费。这促使体验经济迅速发展，如沉浸式文旅项目越来越受欢迎，虚拟偶像行业也蓬勃发展。

4. 全球化与本土化深度融合

跨境数字贸易增长迅猛：互联网的发展打破了地域限制，跨境数字贸易规模不断扩大。

区域产业集群发展壮大：各地纷纷打造具有特色的产业集群，以提升区域经济竞争力。比如，长三角地区的集成电路产业集群、珠三角地区的电子信息产业集群等。

未来十大热门职业展望

1. AI训练师

AI训练师通过收集、整理和标注大量数据，训练AI模型，使其能够准确地完成各种任务，如语音识别、图像分类等。他们需要具备数据分析能力和对AI算法的基本理解。

2. 碳交易员

碳交易员负责为企业制订碳排放策略，在碳市场上进行碳排放权的买卖交易，帮助企业实现节能减排目标，同时降低企业的碳排放成本。

3. 老年护理员

老年护理员不仅要照顾老年人的饮食起居，还要关注他们的心理健康和康复护理。

4. 沉浸式文旅策划师

沉浸式文旅策划师要具备创新思维和丰富的想象力，能够打造出独特的旅游体验场景，吸引游客参与。他们需要熟悉旅游市场需求，结合文化元素，创造出具有吸引力的文旅产品。

5. 可持续产品设计师

可持续产品设计师在产品设计过程中，充分考虑材料的可回收性、能源消耗等因素，设计出既满足消费者需求，又符合环保标准的产品。

6. 跨境电商运营

跨境电商运营需要了解不同国家的市场规则、消费习惯，通过电商平台进行产品推广和销售，处理跨境物流、支付等问题。

7. 区域产业分析师

产业集群的发展，需要专业的区域产业分析师。他们研究区域内产业的发展趋势、竞争态势，为企业提供市场分析、投资建议等服务。区域产业分析师要具备扎实的经济分析能力和对产业的深入了解，帮助企业在产业集群中找准定位，实现发展。

8. 虚拟偶像运营

虚拟偶像行业的兴起，催生了虚拟偶像运营这一职业。他们负责虚拟偶像的形象设计、活动策划、粉丝运营等工作，通过线上线下活动，提升虚拟偶像的知名度和影响力。

9. AI伦理专家

随着AI技术的广泛应用，AI伦理问题日益受到关注。AI伦理专家负责评估AI系统的设计和应用是否符合伦理道德标准，避免AI技术带来的负面影响，如算法偏见、隐私泄露等。这一职业对于保障

AI技术的健康发展至关重要。

10. 集群生态构建师

集群生态构建师通过整合产业链上下游资源，促进企业之间的合作与创新，推动产业集群的协同发展。他们要具备较强的组织协调能力和对产业的宏观把控能力，为产业集群的可持续发展提供支持。

45° 青年的职业选择策略

面对未来职业市场的变化，45° 青年应该如何选择自己的职业道路呢？以下是一些建议：

1. 明确自我定位与兴趣方向

未来职业选择的关键在于找到与自身兴趣、优势和价值观匹配的领域。应深入了解自己的优势所在，评估自己的知识储备和技能水平，结合行业发展趋势，明确适合自己的职业方向。可以通过职业规划咨询、职业兴趣测试、导师指导等方式，帮助自己更好地定位未来职业发展路径。

2. 跨界学习与复合型知识构建

正如前文所述，复合型人才将在未来职场中大放异彩。可以通过跨界学习，打破学科壁垒，拓宽视野。阅读跨领域书籍、参加不同领域的培训、跨界合作项目等，都能为你的职业发展增添多样性。这样不仅能够丰富你的知识体系，还能在面对复杂问题时具备多角度思考和解决问题的能力。

3. 紧跟时代潮流，掌握前沿技术

时刻保持对新技术、新领域的关注和学习，掌握前沿技术，为自己未来的职业发展打下坚实的基础。无论是人工智能、大数据还是云计算，都是未来职场的重要技能。

4. 学会利用数字营销手段

在数字化时代，数字营销已成为企业拓展市场的重要手段。应该学会利用社交媒体、搜索引擎优化等数字营销手段，提高自己的市场竞争力。

5. 关注教育科技领域的发展

教育是社会进步的基石，而教育科技则是推动教育创新的重要力量。应该关注教育科技领域的发展动态，了解教育软件的开发、在线课程的设计等知识，为自己未来的职业发展开辟新的道路。

未来的职业世界充满变数，但也蕴藏无限可能。45°青年无须恐惧技术颠覆，而应主动拥抱变化：在AI与人类协作中寻找定位，在绿色经济中捕捉机遇，在情绪价值产业中创造独特优势。真正的竞争力，源于“持续进化”的能力——快速学习新兴工具、低成本试错迭代、在效率与人文之间找到平衡。技术终将延伸人类能力的边界，未来已来，唯变不变。

以45°的姿态，迎接未来一切挑战

科技飞速发展、全球格局不断调整、社会文化日新月异，每一天都在提醒我们：唯有不断进步，才能在变革中稳住阵脚。作为45°青年，我们既不盲目追求极端，也不因困难而轻言放弃，而是保持45°的平衡视角，用理性、智慧和行动迎接未来。

健康是基石，为未来蓄能

身体是我们进行一切活动的根本保证。无论未来如何变化，拥有健康的体魄才能让你有足够的精力迎接各种挑战。许多成功人士都强调："如果没有健康，其他的一切都是空谈。"因此，保持身体健康应当成为每个人的首要任务。

1. 规律作息，养成良好习惯

早睡早起：充足的睡眠是恢复体力、提高工作效率的关键。尽量保持每天7～8小时的睡眠，让身体得到充分的休息。

定时饮食：均衡的饮食和规律的用餐时间对于维持身体健康至关重要。避免暴饮暴食，多吃蔬菜水果，减少油腻和高糖食物的摄入。

2. 适量运动，增强体质

选择适合自己的运动方式：无论是跑步、游泳、瑜伽还是健身，找到一种自己喜欢并能持续进行的运动方式，让运动成为生活的一部分。

坚持锻炼：设定合理的运动计划，每周至少进行3～5次中等强度的锻炼，每次30分钟以上。持之以恒，你会发现身体的变化和精神力的提升。

3. 心理健康同样重要

学会减压：面对工作和生活的压力，要学会适时放松，可以通过冥想、听音乐、阅读等方式来缓解压力。

保持积极心态：乐观的心态是抵御疾病和困难的重要武器。用积极的心态去面对生活中的每一次挑战，相信自己能够克服一切。

保持好奇心，探索未知

好奇心是驱动人类进步的源泉，也是我们不断前行的动力。在这个信息爆炸的时代，保持好奇心，意味着我们要不断拓宽视野，以适应不断变化的世界。

1. 勇于尝试新事物

不畏惧失败：每一次尝试都是一次学习的机会，即使失败了，也能从中汲取经验，为下一次成功铺路。

跨界学习：跳出自己的舒适区，尝试学习不同领域的知识和技能。比如，一个程序员可以尝试学习摄影，一个市场营销人员可以学习编程，这种跨界的尝试往往能激发新的灵感和创意。

2. 树立终身学习的理念

学习是一生的事业：将学习视为一种生活方式，而不是某个阶段的任务。无论年龄多大，都要保持对知识的渴望和对学习的热情。

学习无处不在：学习不仅仅发生在课堂上，也发生在日常生活中。观察身边的人和事，从中汲取经验和智慧，也是一种学习。

3. 培养批判性思维

不盲目接受：对于获取的信息，要保持批判性思维，不盲目接受，学会质疑和分析，形成自己的见解。

多角度思考：尝试从不同的角度去看待问题，这有助于我们更全面地理解事物，做出更明智的决策。

灵活应变，拥抱变革

变化是世界的常态，也是未来的挑战之一。我们要学会适应变化，将变化视为机遇而不是威胁。

1. 培养预见性

关注趋势：密切关注行业动态和技术发展趋势，提前做好准备，以应对未来的变化。

主动求变：不要等到变化来临才被动应对，而是要主动寻求变化，通过创新来引领潮流。

2. 建立应急机制

制订应急计划：对于可能出现的风险和挑战，提前制订应急计划，确保在危机来临时能够迅速应对。

增强韧性：培养自己的韧性和抗压能力，即使遇到困难和挫折，也能保持冷静和坚定，迅速恢复元气。

构建个人品牌

1. 定位自我

在构建个人品牌时，首先需要明确自己的核心优势和价值所在。问问自己：我在哪些方面独具特色？我的专业能力和兴趣爱好如何融合？只有明确定位，才能在众多竞争者中脱颖而出。

2. 借助社交媒体与专业平台

当下，社交媒体和各类专业平台为个人品牌的打造提供了极大的便利。通过撰写博客、发布专业文章、录制视频分享经验，不仅能展示你的专业能力，也能吸引更多志同道合的人关注和合作。保持真实与独立的态度，是构建长久影响力的关键。

3. 持续提升与反馈

构建个人品牌不是一朝一夕的事，而是一个不断提升和积累的过程。定期收集他人反馈，了解自己的优势和不足，不断调整学习和工作策略。只有在不断进步中，才能真正实现“保持45°，活出精彩人生”的目标。

构建人际网络，合作共赢

1. 拓展人脉圈

主动交往： 不要害怕与人交往，主动参加社交活动，结识新朋友，拓宽和维护自己的人脉圈。

价值互换： 在人际交往中，要注重价值互换，用自己的专业知识和技能去帮助他人，同时也从他人那里获取自己需要的资源和信息。

2. 合作共赢

寻求合作机会： 在工作中，要积极寻求与他人合作的机会，通过团队合作来共同完成任务，实现共赢。

分享资源： 不要吝啬自己的资源和信息，乐于分享，这样不仅能增进彼此之间的信任，还能激发更多的创意和灵感。

未来是充满无限可能的，而你的每一次努力、每一次突破，都将为自己的人生增添光彩。保持45°，不仅是一种姿态，更是一种内在力量的体现。无论前路如何，只要你保持平衡、不断前行，就一定能活出属于自己的精彩人生。